高等院校互联网+新形态创新系列教材·计算机系列

程序设计基础(Python)
(微课版)

高洪皓　主　编

清华大学出版社
北京

内 容 简 介

Python 语言因其简洁、易读的语法，以及丰富强大的标准库和第三方库，在数据科学、人工智能、Web 开发、自动化脚本等各个领域都得到广泛应用，成为开发者的首选工具之一。本书通过深入浅出的教学方式，系统地介绍 Python 编程的核心概念，并提供丰富的实例和练习，帮助读者有效掌握编程技能。

本书共 8 章，内容安排如下：第 1 章介绍 Python 语言的概述和安装方法，以及常用的集成开发环境，帮助读者迅速上手。第 2 章讲解 Python 语言的基础知识，如标识符和变量的命名规范、各种基本数据类型的使用方法，以及常见的运算符和表达式。第 3 章介绍基本的流程控制结构，包括顺序结构、分支结构和循环结构等，帮助读者掌握程序的逻辑控制。第 4 章详细介绍 Python 的组合数据类型，包括序列型数据类型(字符串、列表、元组)、集合和字典等。第 5 章讲解函数的定义和调用，以及函数参数的不同类型和作用域的概念，帮助读者编写可复用的代码块。第 6 章介绍 Python 文件操作的基本概念和操作方法，以及 Python 程序的结构和第三方库的使用，使读者能够处理文件数据和异常情况。第 7 章讲解数据可视化的概念和使用 Matplotlib 库进行图表绘制的方法，帮助读者通过图表展示数据。第 8 章介绍网络爬虫的基本原理和实现方法，包括 HTTP 请求、网页解析和数据存储等。附录部分包括了常用的第三方开发工具介绍和常用的内置函数等。

本书大部分案例代码使用 Python 3.11.x 和 Python 3.12.x 编写，并尽可能保持与其他版本的兼容性。本书既可作为计算机及相关专业的教材，也可以作为 Python 爱好者的参考书。

图书在版编目(CIP)数据

程序设计基础：Python：微课版 / 高洪皓主编. --北京：清华大学出版社，2025. 8.
(高等院校互联网+新形态创新系列教材). -- ISBN 978-7-302-69761-9

Ⅰ . TP312.8

中国国家版本馆 CIP 数据核字第 2025BZ4183 号

责任编辑：梁媛媛
封面设计：李 坤
责任校对：桑任松
责任印制：沈 露
出版发行：清华大学出版社
　　　　网　　　址：https://www.tup.com.cn, https://www.wqxuetang.com
　　　　地　　　址：北京清华大学学研大厦 A 座　　　　邮　　编：100084
　　　　社 总 机：010-83470000　　　　　　　　　邮　　购：010-62786544
　　　　投稿与读者服务：010-62776969, c-service@tup.tsinghua.edu.cn
　　　　质量反馈：010-62772015, zhiliang@tup.tsinghua.edu.cn
　　　　课件下载：https://www.tup.com.cn, 010-62791865
印 装 者：三河市人民印务有限公司
经　　销：全国新华书店
开　　本：185mm×260mm　　　**印　张**：15.75　　　**字　数**：381 千字
版　　次：2025 年 8 月第 1 版　　　**印　次**：2025 年 8 月第 1 次印刷
定　　价：49.00 元

产品编号：107190-01

前　言

党的二十大报告进一步强调了教育、科技和人才在实现第二个百年奋斗目标中的战略地位。我们必须深入实施科教兴国、人才强国和创新驱动发展战略，加快科技自立自强步伐，提升国家发展的独立性、自主性和安全性水平。当前，人工智能、大数据、物联网等相关理论与技术正在迅速发展，并在各个行业中得到广泛应用。Python 语言作为这些技术发展的重要推动力之一，其简洁易学的特点和强大的生态系统极大地促进了技术的普及和创新。Python 不仅提升了开发效率，还为开发人员提供了丰富的工具和库，加速了技术的落地应用。这些进展不仅推动了产业数字化转型的步伐，也为经济社会发展注入了新的活力，展现出了 Python 巨大的发展潜力和广泛的应用前景。

Python 是一种简单易学、功能强大的编程语言。随着人工智能和大数据时代的到来，对 Python 编程的需求日益增长。本书是介绍 Python 语言的入门教材，共分为 8 章，内容涵盖了 Python 语言的基础知识和常用编程技巧。基础内容包括 Python 语言的概述及基础知识、流程控制结构、组合数据类型、函数及文件操作；常用编程技巧包含使用 Matplotlib 库进行数据可视化和网络爬虫的开发。本书旨在启迪读者的编程思维(如分析问题、理解需求、设计算法等)，帮助读者提高解决问题的能力。

本书以简明易懂的方式讲解 Python 的核心概念和常用功能，使初学者更容易理解和掌握。此外，书中通过大量的实例讲解，帮助读者将理论知识应用到解决实际问题中，加深对 Python 编程的理解，增强应用能力。

本书作为基础编程类教材，不仅适用于进阶学习者，还适用于高等院校计算机类的本科生或研究生的高级编程类课程教学，也可为有一定编程经验的开发人员提供理论参考。

本书由高洪皓担任主编，负责对书籍进行策划、内容选择与编辑审定；由冉琼慧子、王烨担任副主编，协助策划和编辑工作，负责特定章节的编辑与核对。冯都滨、李昊、麻宣政、潘志豪、段钇作、王凯思也参与了编写工作，邹启明、钟宝燕、朱弘飞、陶媛、宋波、张军英、高珏、佘俊等对本书内容提出了宝贵意见，在此表示由衷的感谢！

由于作者水平有限，书中难免有疏漏之处，敬请读者批评指正。

编　者

目录

第 1 章

Python 语言概述

【学习目标】

● 了解 Python 语言的起源和发展历史，掌握 Python 的基本特点和优势。

● 熟悉 Python 的安装步骤及环境变量配置。

● 能够编写和运行简单的 Python 程序。

● 理解并应用 Python 程序的代码编写规范。

1.1　Python 语言简介

Python 语言由荷兰人吉多·范罗苏姆(Guido van Rossum)于 1989 年发明，并于 1991 年发行第一个版本，是一个结合了解释性、编译性、互动性和面向对象的计算机程序设计语言。Python 语言是在 ABC 语言的基础上发展而来，其设计的初衷是成为 ABC 语言的替代品。虽然 ABC 语言是一款功能强大的高级语言，但是由于 ABC 语言不开源，导致它没有得到广泛的应用。因此，吉多(Guido)在开发 Python 之初就决定将它开源。

自 2020 年起，Python 语言连续摘得 TIOBE 编程语言排行榜"年度最佳编程语言"桂冠。2024 年 6 月的 TIOBE 编程语言排行榜显示(见图 1-1)，Python 语言依然占据第一名，并且市场份额仍在持续提升。

Jun 2024	Jun 2023	Change		Programming Language	Ratings	Change
1	1			Python	15.39%	+2.93%
2	3	^		C++	10.03%	-1.33%
3	2	∨		C	9.23%	-3.14%
4	4			Java	8.40%	-2.88%
5	5			C#	6.65%	-0.06%
6	7	^	JS	JavaScript	3.32%	+0.51%
7	14	^	-GO	Go	1.93%	+0.93%
8	9	^	SQL	SQL	1.75%	+0.28%
9	6	∨	VB	Visual Basic	1.66%	-1.67%
10	15	^	F	Fortran	1.53%	+0.53%

图 1-1　2024 年 6 月 TIOBE 编程语言排行榜(前 10 名)

Python 是一种解释性语言，它不需要编译就可以直接执行，代码由 Python 解释器直接解释运行，这与 PHP 和 Perl 语言类似。从整体上来看，Python 语言的最大特点就是简单，可读性强，语法简洁明了，即使是非软件专业的初学者也很容易上手。和其他编程语言相比，Python 语言的实现功能代码通常是最简洁的。

目前的 Python 版本主要分为 Python 2.x 和 Python 3.x。Python 3.x 对 Python 2.x 进行了

较大的升级，对 Python 2.x 的标准库进行了一定程度的重新拆分和整合。需要注意的是 Python 3.x 不向下兼容，即 Python 3.x 有些方法可能无法运行在 Python 2.x 上。

Python 语言的特点如表 1-1 所示。

表 1-1　Python 语言的特点

特　点	说　明
简单易学	Python 具有较少的关键字，结构简单，学习起来更加容易
免费开源	Python 是开放源码的软件，所以使用者可以自由地发布这个软件的副本，阅读它的源码，以及对它进行改动
可移植	基于其开放源代码的特性，Python 已经被移植到许多平台上，包括 Windows、Mac OS、Linux 等
可扩展	如果需要提升一些关键代码的运行速度或希望对某些算法进行保密，可以使用 C 或 C++ 语言进行代码的编写，然后在 Python 程序中调用
可嵌入	Python 程序可以嵌入 C 或 C++程序，从而获得对程序进行"脚本化"的能力
丰富的库	Python 拥有一个庞大的功能库，能够帮助处理各种工作，包括文档生成、数据库、网页浏览器、电子邮件、HTML 等

1.2　Python 的安装

1.2.1　下载 Python

进入 Python 官网(网址为 https://www.python.org/)，单击 Downloads 按钮，选择 Windows 进入 Python 下载页面。在下载页面中有 Python 2.x 和 Python 3.x 的下载链接，并且提供了 32 位和 64 位安装包(见图 1-2)。其中，32-bit 表示 32 位 Windows installer 安装包，64-bit 和 ARM64 表示 64 位 Windows installer 安装包。用户可根据实际情况，下载相应的安装包。

Version	Operating System	Description	MD5 Sum	File Size	GPG	Sigstore	SBOM
Gzipped source tarball	Source release		ead819dab6d165937138daa9e51ccb54	26.0 MB	SIG	.sigstore	SPDX
XZ compressed source tarball	Source release		d68f25193eec491eb54bc2ea664a05bd	19.7 MB	SIG	.sigstore	SPDX
macOS 64-bit universal2 installer	macOS	for macOS 10.9 and later	b6de6aea008605f5d4096014c2ad3c43	44.0 MB	SIG	.sigstore	
Windows installer (64-bit)	Windows	Recommended	f3df1be26cc7cbd8252ab5632b62d740	25.5 MB	SIG	.sigstore	SPDX
Windows installer (ARM64)	Windows	Experimental	f3c2064f11c5f4eee475928a0fc62199	24.8 MB	SIG	.sigstore	SPDX
Windows embeddable package (64-bit)	Windows		8db759b337ac4f6966f52b3662c05dd7	10.6 MB	SIG	.sigstore	SPDX
Windows embeddable package (32-bit)	Windows		19691145551a41114b32a556bb2bcb89	9.4 MB	SIG	.sigstore	SPDX
Windows embeddable package (ARM64)	Windows		0a863fd2485b3057a2eea108f1252160	9.8 MB	SIG	.sigstore	SPDX
Windows installer (32 -bit)	Windows		d9c98b529889aba04ca5ec1c6b5f986f	24.3 MB	SIG	.sigstore	SPDX

图 1-2　Python 安装包

1.2.2　安装 Python

下载完成后打开安装包所在文件夹，双击开始安装。如图 1-3 所示，选中"Add python.exe to PATH"复选框，然后单击 Customize installation，连续单击 Next 按钮，最后单击 Install 按钮开始安装。

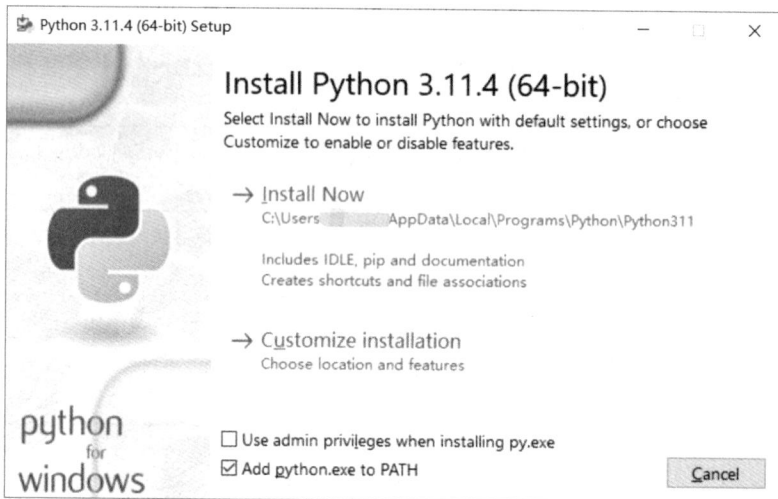

图 1-3　Python 安装页面

安装完成后，按 Windows+R 快捷键，打开"运行"对话框，输入 cmd 打开命令行界面(也称命令提示符窗口)，输入 Python 出现 Python 版本信息，如图 1-4 所示，即表示安装成功。若提示"python 不是内部或外部命令"，则需要手动配置环境变量。如果安装失败，可重复执行安装再试。

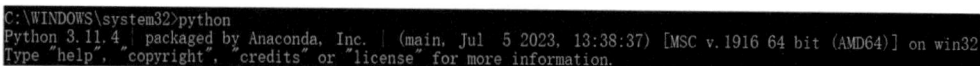

图 1-4　Python 版本检查

1.2.3　环境变量配置

程序和可执行文件可以存放在目录中，而这些目录的路径很可能不在操作系统默认提供的可执行文件的搜索路径中。路径(path)通常被存储在环境变量中，环境变量是由操作系统维护的一组命名的字符串。这些环境变量包含了关于可用的命令行解释器和其他程序的位置信息。

在计算机桌面上右击"计算机"图标，在弹出的快捷菜单中选择"属性"命令。在打开的"系统属性"对话框中选择"高级"选项卡，单击"环境变量"按钮，然后在系统变量的"Path"行后面添加安装 Python 时的安装路径即可，添加路径时要用分号隔开，如图 1-5 所示。设置成功以后，再次在"运行"对话框中输入 cmd 打开命令行界面，输入 Python 后按 Enter 键，即可显示如图 1-4 所示的 Python 安装版本信息。

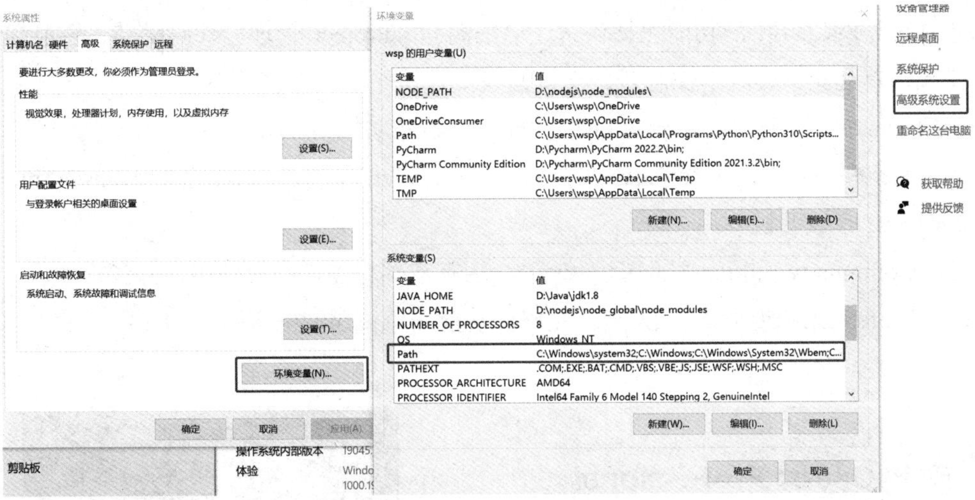

图 1-5　Python 环境变量查看

1.3　集成开发环境介绍

Python 安装完成后，有三种方式可以运行 Python 程序：交互式解释器、命令行脚本和集成开发环境(Integrated Development Environment，IDE)。其中，交互式解释器和命令行脚本方式比较复杂，本节重点介绍两种常见的集成开发环境：IDLE 和 PyCharm。

1. IDLE

IDLE(Integrated Development and Learning Environment，集成开发和学习环境)是 Python 自带的集成开发环境，适合初学者。它简单易用，适合编写和测试小型程序。

1)　启动 IDLE

(1)　Windows：安装 Python 时会自动安装 IDLE。可以通过"开始"菜单找到 IDLE (Python 3.x)启动。

(2)　Mac 和 Linux：在终端输入 idle3 命令启动 IDLE。如果未安装，可以通过软件包管理工具安装，例如 sudo apt-get install idle3(适用于 Ubuntu)。

2)　IDLE 的主要功能

(1)　交互式解释器：　提供交互式 Shell 窗口，可以直接输入并执行 Python 代码，适合快速测试和调试。

(2)　代码编辑：提供基本的代码编辑功能，包括语法高亮、自动缩进、代码补全等。

(3) 调试工具：内置基本的调试工具，可以设置断点、逐步执行代码等。

2. PyCharm

PyCharm 是由 JetBrains 打造的一款 Python IDE，支持 macOS、 Windows、 Linux 等操作系统。PyCharm 的功能包括调试、语法高亮、Project 管理、代码跳转、智能提示、自动完成、单元测试、版本控制等。支持程序员开发代码，提高效率。

PyCharm 的下载地址：https://www.jetbrains.com/pycharm/download/。

PyCharm 的安装地址：http://www.runoob.com/w3cnote/pycharm-windows-install.html。

PyCharm 有如下版本。

(1) Community Edition(社区版，免费)：拥有基础功能，免费使用，开源构建。

(2) Professional(专业版，收费)：完整的功能，可试用 30 天(见图 1-6)。

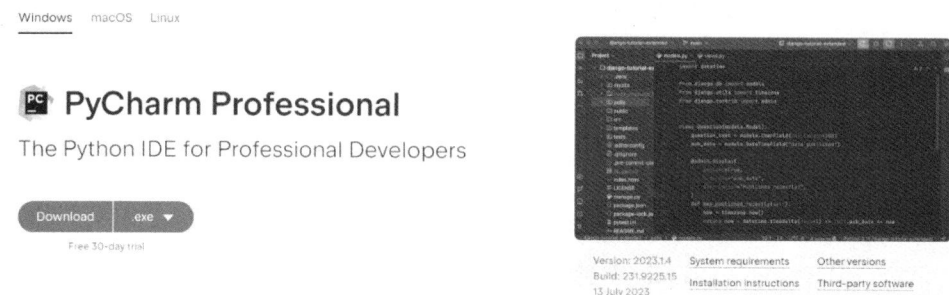

图 1-6　PyCharm Professional

下载并安装完成 PyCharm 后，运行 PyCharm，其主界面如图 1-7 所示。

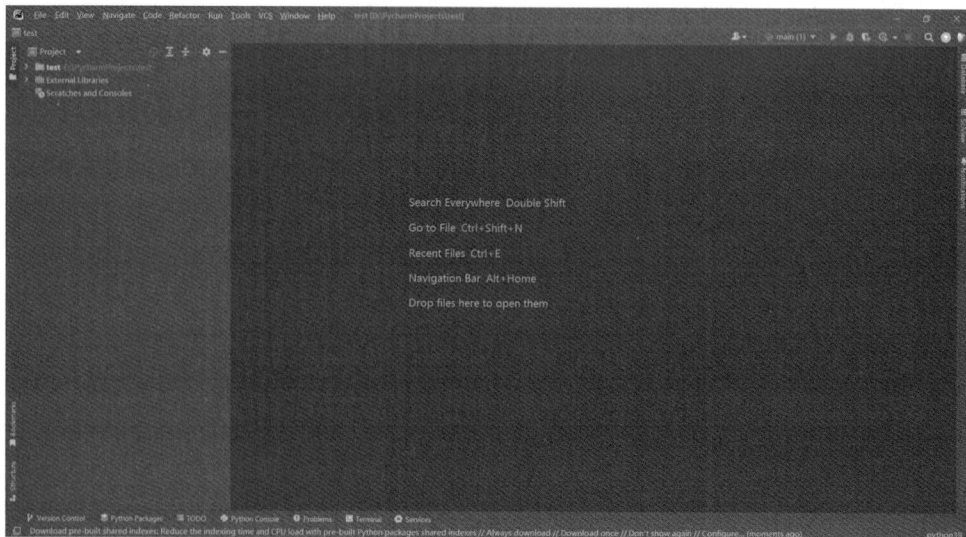

图 1-7　PyCharm 的主界面

若需要安装中文插件，在菜单栏中单击 File 按钮，选择 Settings 选项，然后选择 Plugins 选项，单击 Marketplace 按钮，搜索 Chinese，然后单击 Install 按钮安装即可，如图 1-8 所示。

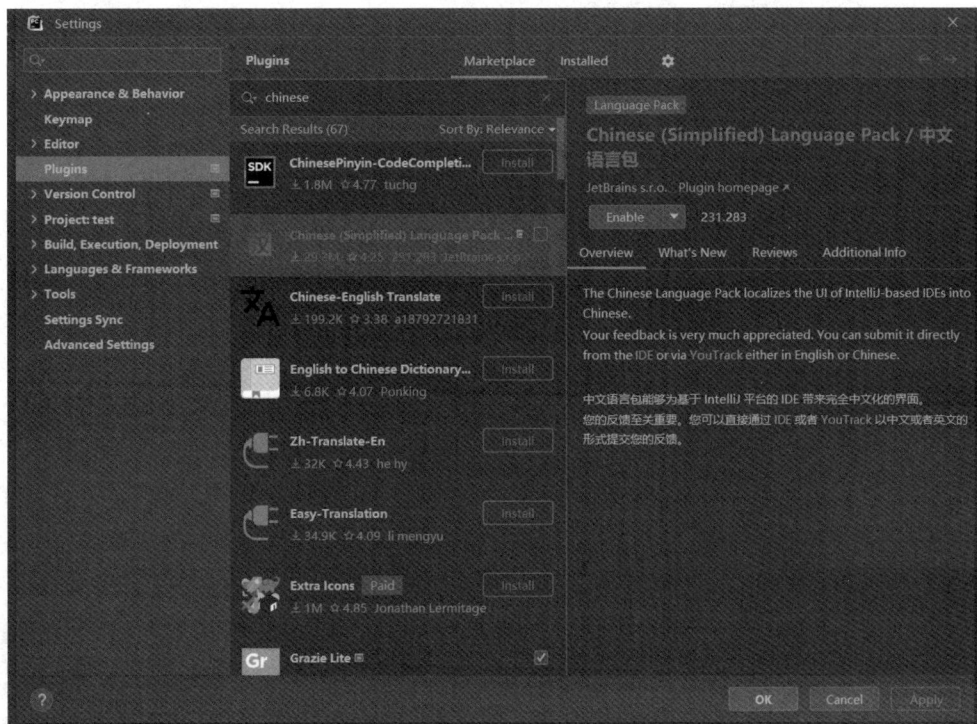

图 1-8　PyCharm 的中文插件

其他开发工具介绍参见附录 A。

1.4　第一个程序

本书以最简单的程序展示如何使用 Python 语言编写并运行程序。

1. 基本程序结构

一个简单的 Python 程序通常由一系列语句按照顺序执行，实现特定的功能。打开 IDLE，输入以下代码：

```
print("Hello, World!")
```

这个程序只有一行代码，使用了内置函数 print()打印字符串"Hello, World!"。print()函数用于将指定的值打印到控制台。代码执行结果如图 1-9 所示。读者可以尝试修改双引号之间的内容，看看出来的效果。

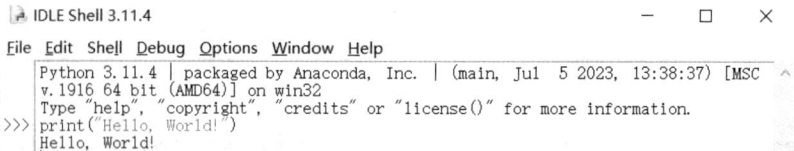

图 1-9　第一个程序

2. 注释

注释是 Python 程序中的重要组成部分，用于向其他开发者解释代码的作用、功能和实现细节。注释部分代码不参与执行。在 Python 中，注释以#号开头，可以出现在程序的任何位置。

```
# 这是一个注释
print("Hello, World!")  # 这也是一个注释
```

3. 输入与输出

除了简单的打印语句外，Python 还支持获取用户输入并进行相应的处理。使用 input() 函数获取输入。

```
# 获取用户输入并打印
name = input("请输入您的姓名: ")
print("您好, " + name + "!")
```

程序使用 input()函数获取输入的姓名，然后使用 print()函数将输入的姓名与问候语一起打印到控制台上，如图 1-10 所示。思考：如果想要输入两个姓名，要如何修改代码？

图 1-10　输入与输出

1.5　Python 程序的代码编写规范

在 Python 程序开发中，遵循一定的代码编写规范是关键，有助于提升代码的可维护性和可读性。Python 社区通常采用 PEP 8(Python Enhancement Proposals 8)规范，其中包括以下重要的规则。

1. 缩进

Python 中的缩进是独特且重要的特性，也是代码结构和可读性的关键。在 Python 中，缩进不仅仅是一种格式化代码的方法，更是一种语法规则。Python 使用缩进来表示代码块

的开始和结束，因此缩进对于定义函数、条件语句、循环等都具有重要意义。

在 Python 中，使用四个空格来缩进代码是一种被广泛接受的做法，它有助于保持代码的一致性和清晰度。虽然 Python 并不强制要求使用空格，但在同一个代码块中必须始终使用相同数量的空格来表示缩进，以确保代码的正确性。这种强制缩进的机制使得 Python 代码在视觉上更加整洁、易读且具有一致性。

缩进不仅仅是样式的问题，更是语法要求。在定义函数、控制流程语句(如 if、else、for、while 等)、类，以及其他代码块时，缩进决定了代码的层次结构和执行顺序。合理的缩进可以避免代码出现语法错误，也有助于减少逻辑错误。不正确的缩进可能会导致代码不按预期工作，甚至引发逻辑错误，因此正确的缩进对于确保代码的正确性和可读性至关重要。

总之，Python 的缩进不仅仅是代码风格的问题，更是一种语法规则和结构的体现。通过一致且合理的缩进，Python 代码可以更加清晰地表达逻辑结构，增强可读性和可维护性，使得代码更加优雅且易于理解。

2. 注释

注释在 Python 中扮演着非常重要的角色，它们不仅提供了对代码的解释和说明，还有助于代码的可读性、可维护性和协作。在 Python 中，注释是指在代码中用来解释说明的文本，不会被解释器执行，用于帮助开发者理解代码。

1)　注释的类型

单行注释使用#符号，#号后的内容将被视为注释，直到该行结束。例如：

```
x = 10  # 这是一个单行注释
y = 20  # 这是另一个单行注释
```

多行注释通常使用三个单引号(''')或三个双引号(""")将多行文本"套"起来。

```
'''
这是一个多行注释示例。
可以在这里写下对代码的详细说明。
'''
```

2)　注释的作用

(1) 解释代码功能：注释可以对代码进行解释说明，让开发者更容易理解代码的用途和逻辑。

(2) 标识特殊情况：可以使用注释来标记代码中的特殊情况，临时解决方案或需要注意的地方。

(3) 文档字符串(docstring)：文档字符串是函数、类或模块的第一个语句，用于描述其功能、参数、返回值等。

注释是代码交流和沟通的重要方式，可以帮助团队成员更快地理解代码逻辑，提高代码的可读性和可维护性。注释是编写高质量、可靠且易于理解的 Python 代码的关键。

3. 其他注意事项

Python 建议每行代码限制在 79 个字符以内，可以使用括号换行来实现长行的分割。

命名时使用一致的命名约定。变量、函数、模块名采用下划线命名法(例如，my_variable)，类名使用驼峰命名法(例如，MyClass)。避免使用单个字符的变量名，但为了教学有时会使用 i、j 等临时变量。

导入模块时在每个文件的顶部分别导入标准库模块、第三方库模块和本地应用程序模块，每个部分之间用一个空行分隔。

遵循这些规范有助于使代码更易于阅读、维护和合作。通过遵循良好的编码规范，开发者能够编写出更具可读性和可维护性的 Python 代码，有助于减少错误并更高效地与他人协作。

本 章 小 结

本章概述了 Python 语言的发展历史和主要特点，介绍了 Python 的安装步骤及环境变量配置，介绍了 IDLE 和 PyCharm 两种常见集成开发环境的使用方法，并通过简单的示例讲解了 Python 程序的基本结构和代码编写规范。通过学习本章内容，读者能够初步了解 Python 的基础知识。

课 后 习 题

一、选择题

1. Python 是一种解释性语言，它不需要编译就可以直接执行，这与(　　)语言类似。

    A. C 语言　　　　B. Java 语言　　　　C. PHP 语言　　　　D. 汇编语言

2. Python 的集成开发环境 IDLE 不适合(　　)的情况。

    A. 编写和测试小型程序　　　　　　B. 使用交互式 Shell 窗口

    C. 进行代码编辑和调试　　　　　　D. 开发大型企业级应用

3. Python 是一种(　　)的计算机程序设计语言。

    A. 解释性　　　　　　　　　　　　B. 命令式

    C. 函数式、逻辑式　　　　　　　　D. 过程式、事件驱动

4. 在 Python 中，(　　)函数用于打印输出。

    A. print()　　　　　　B. show()　　　　C. display()　　　　D. echo()

5. 在 Python 程序中，注释的作用是(　　)。

    A. 参与程序的执行

    B. 编译程序的一部分

    C. 向其他开发者解释代码的作用和功能

    D. 改变代码的执行顺序

6. 在 Python 中，(　　)符号用于开始一个注释。

    A. //　　　　　　　　B. @　　　　　　C. %　　　　　　　D. #

7. 在 Python 中，(　　)函数用于获取用户的输入。

    A. input()　　　　B. read()　　　　C. getUserInput()　　D. print()

8. 在 Python 中，(　　)不是注释的正确用法。

    A. #是一个单行注释　　　　　　B. '''是一个多行注释示例。'''

    C. """是一个多行注释示例。"""　　D. //是一个单行注释

9. Python 自带的集成开发环境是(　　)。

    A. IDLE　　　　B. pycharm　　　　C. 交互式解释器　　D. 命令行脚本

10. (　　)的说法是错误的。

    A. Python 可以不用在意缩进　　　B. Python 中的注释不会被解释器执行

    C. Python 的单行注释是#　　　　　D. Python 中使用四个空格来缩进

二、填空题

1. Python 是一种_____语言。

2. Python 的代码由_____直接解释运行。

3. 有三种方式可以运行 Python 程序，分别是：_____、_____和_____。

4. Python 限制每行代码的长度不超过_____个字符。

5. 导入模块时，在每个文件的_____分别导入标准库模块、第三方库模块和本地应用程序模块，每个部分之间用一个_____分隔。

三、编程题

1. 编写一个程序，输出"你好，Python"。

2. 编写一个程序，输出"Programming in Python is fun"。

3. 编写一个程序，输出"这是第一个程序"。

4. 编写一个程序，获取用户的输入姓名并打印输出。

5. 编写一个程序，输入两个用户的姓名并打印输出。

微课视频

扫一扫，获取本章相关微课视频。

1.1 Python 语言简介	1.2 Python 的安装	1.3 集成开发环境介绍

1.4 第一个程序	1.5 Python 程序的代码编写规范

第 2 章

Python 语言基础

【学习目标】

- 理解并使用 Python 的标识符和变量。
- 掌握 Python 的基本数据类型及其操作。
- 运用基本运算符和表达式进行计算和比较。
- 使用 Python 进行基本的输入和输出操作。

2.1 标识符和变量

在编写 Python 程序时，标识符和变量是最基本的组成部分。在学习 Python 的过程中，理解标识符和变量的定义和使用规则是至关重要的。

2.1.1 标识符和关键字

1. 标识符

标识符用来命名变量、函数、类以及其他对象的名称，这些标识符对于开发人员来说是自定义的。标识符必须遵循以下规则。

(1) 只能包含字母、中文字、数字和下划线，且必须以字母或下划线开头，不能以数字开头，字母须区分大小写。

(2) 避免使用 Python 的关键字作为标识符，这些关键字有特殊用途。

Python 有一组系统保留的关键字，其具有特殊的语法和含义，常用于构建语句、定义结构和控制程序流程。

2. 关键字

表 2-1 中所列的是 Python 的常用关键字。其中，if、else、elif 用于条件语句；for、while 用于循环结构；def、class 用于定义函数和类；import、from、as 用于导入模块和进行别名定义；True、False、None 表示布尔值和空值。在后续学习中，将深入理解和应用这些关键字。

表 2-1 Python 的常用关键字

False	None	True	and	as	assert	async
await	break	class	continue	def	del	elif
else	except	finally	for	from	global	if
import	in	is	lambda	nonlocal	not	or
pass	raise	return	try	while	with	yield

了解并遵守标识符和关键字的规则，有助于正确理解和使用 Python 语言的各种结构和语法。

2.1.2　常量和变量

变量是用来存储数据值的标识符，可以被看作是存储数据的容器，可以随时更改变量的值。Python 是一种动态类型语言，变量的类型是在运行时确定的。可以在不改变变量名的情况下将不同类型的值赋给同一个变量。

例如：

```
x = 10          # x 是整数类型
x = 1.5         # 现在 x 是浮点数类型
x = "Hello"     # 现在 x 是字符串类型
```

与变量对应的是常量，在 Python 中，虽然没有明确的常量类型，但通常将不需要修改的值称为常量，并使用全大写字母来表示它们。这只是一种命名约定，Python 不会阻止常量的修改。例如：

```
PI = 3.14159265359
MAX_SIZE = 1000
```

虽然这些值在程序中也可以被修改，但通过这种方式，编程者传达了这些值不应该被轻易修改的意图。

变量是灵活的，可以存储各种类型的数据并在程序执行过程中更改；常量是不可变的，通常用于表示固定的值。

2.2　基本数据类型

在 Python 中，理解和使用基本数据类型是编写高效代码的基础。Python 提供了多种数据类型，每种类型有其特定的用途和特性。接下来详细介绍数值类型、字符串类型和布尔类型。

2.2.1　数值类型

常用 Python 数值类型包括整数(int)、浮点数(float)和复数(complex)。

1. 整数类型

整数是没有小数部分的数值，可以是正数、负数或零。整数类型可以表示任意大小的整数，没有固定大小限制，直到用尽系统内存的极限。这与 C/C++中的整数类型不同。C/C++中整数类型(如 int、long、short 等)有固定的大小和范围，例如 int 通常为 32 位，表示范围在-2,147,483,648 到 2,147,483,647 之间。Python 的 int 类型不受这些固定限制，可以动态扩展以适应更大的数值。整数类型示例如下：

```
x = 10   # 正整数
y = -5   # 负整数
z = 0    # 零
```

除了十进制外，Python 还支持其他进制的表示，如二进制、八进制和十六进制。

(1) 二进制(0b 开头)：用 0b 或 0B 前缀表示二进制数。例如：

```
binary_num = 0b1010  # 二进制表示 1010(十进制的 10)
```

(2) 八进制(0o 开头)：用 0o 或 0O 前缀表示八进制数。例如：

```
octal_num = 0o12  # 八进制表示 12(十进制的 10)
```

(3) 十六进制(0x 开头)：用 0x 或 0X 前缀表示十六进制数。例如：

```
hex_num = 0x0A  # 十六进制表示 0A(十进制的 10)
```

在进制表示中，当数字超过 9 时，通常会使用字母来表示。注意：在十六进制中，10 到 15 分别用 A 到 F 表示，有时也用 a 到 f 表示。

2. 浮点数类型

浮点数用于表示具有小数部分的数字。浮点数由整数部分、小数点和小数部分组成。例如：

```
a = 3.14
b = -0.001
c = 2.0
```

需要注意的是，浮点数的精度存在限制。因为计算机使用二进制表示小数，有时可能会导致舍入误差(rounding errors)。这意味着在进行浮点数计算时，可能会出现不精确的结果。例如：

```
result = 0.1 + 0.2  # 实际结果应为 0.3，但由于舍入误差，计算结果并非 0.3
print(result)       # 输出 0.30000000000000004
```

在计算机中以二进制存储浮点数时，有些小数无法被精确表示，如 2.3+5.6 输出结果为 7.8999999999999995。这并不是 Python 独有的问题，而是所有涉及使用浮点数表示数值的编程语言都会面临的挑战。

可以通过以下三种方式解决这个问题。

1) 科学记数法

科学记数法可以表示非常大的或非常小的浮点数，避免直接使用小数部分从而减少精度问题。科学记数法使用 e 或 E 表示 10 的幂。例如：

```
# 科学记数法表示
a = 1.23e4          # 表示 1.23 × 10⁴，即 12300.0
b = 5.67e-3         # 表示 5.67 × 10⁻³，即 0.00567
print(a)            # 输出：12300.0
print(b)            # 输出：0.00567
```

科学记数法使得数值表达更为简洁，并且有助于减少浮点数的舍入误差。此外，可以使用 round() 方法返回浮点数 x 的四舍五入值。例如：

```
print("round(80.23456, 2) : ", round(80.23456, 2))
print("round(100.000056, 3) : ", round(100.000056, 3))
print("round(-100.000056, 3) : ", round(-100.000056, 3))
```

以上示例运行后输出结果如图 2-1 所示，round 方法的第一个参数为需要四舍五入的值，第二个参数为保留的小数点后位数。

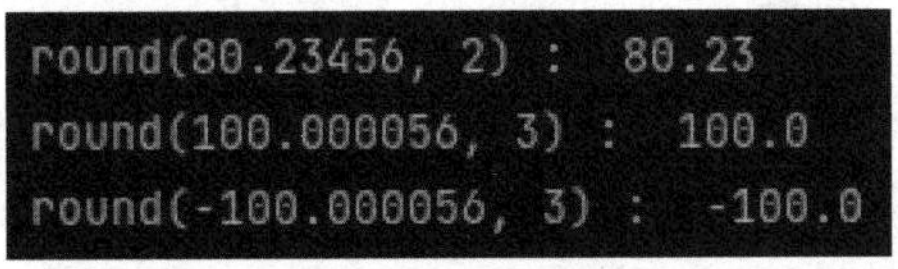

```
round(80.23456, 2) :  80.23
round(100.000056, 3) :  100.0
round(-100.000056, 3) :  -100.0
```

图 2-1　round()方法

2)　除法

在处理涉及小数的运算时，适当地使用除法可以帮助减少舍入误差。例如：

```
# 使用除法减少舍入误差
a = 1 / 3
b = 2 / 3
result = a + b

print(result)   # 输出：1.0
```

通过将数值转换为分数形式并进行除法操作，可以避免直接处理小数，从而减少精度问题。

3)　使用 math 模块的函数

Python 提供了 math 模块，包含多种数学函数，可以帮助处理浮点数运算，并且减少舍入误差。常用的函数有 math.fsum()、math.isclose()等。使用关键字 import 可以引入模块。例如：

```
import math  # import 后接空格和要引入的模块名，即可引入模块

# math.fsum() 函数
numbers = [0.1, 0.1, 0.1, 0.1, 0.1, 0.1, 0.1, 0.1, 0.1, 0.1]
result = math.fsum(numbers)
```

```
print(result)  # 输出: 1.0

# math.isclose() 函数
a = 0.1 + 0.2
b = 0.3
print(math.isclose(a, b))  # 输出: True

# 使用 math 模块进行浮点数运算
c = math.sqrt(2)  # 计算平方根
d = math.exp(1)  # 计算 e 的幂
print(c)  # 输出: 1.4142135623730951
print(d)  # 输出: 2.718281828459045
```

math.fsum()提供了更高精度的浮点数求和方法；math.isclose()可以用于比较两个浮点数是否接近，有助于避免直接比较浮点数带来的误差。

在 Python 中，当尝试将一个浮点数和一个整数相加时，Python 会自动将整数转换为浮点数，然后执行加法运算。例如：

```
a = 3 + 4.7
print(a)  # 输出: 7.7
```

由于整数和浮点数之间的加法运算需要它们在同一类型下执行，Python 会自动将整数转化为浮点数。在这个例子中，3 会被提升为 3.0。一旦两个操作数都是浮点数，Python 就会执行加法运算。3.0 + 4.7 的结果是 7.7。

在 Python 中，int()和 float()是两个内置函数，用于数据类型转换。它们将不同数据类型的值转换成整数(int)或浮点数(float)类型。例如：

```
num = 3.14
int_num = int(num)  # 结果为 3, 小数部分被丢弃
num = 123
float_num = float(num)  # 结果为 123.0
```

这种类型转换在数据处理和编程中非常常见，特别是在需要确保数据类型的一致性或执行特定类型的数学运算时。

3. 复数类型

复数由实部和虚部组成，其中实部和虚部都是浮点数，虚数单位使用后缀 j 来表示。例如：

```
z = 3 + 4j
```

在以上代码中，z 表示一个复数，实部是 3，虚部是 4。

Python 提供了一些操作符和函数来处理复数：可以使用 .real 和 .imag 属性分别获取复数的实部和虚部。例如：

```
z = 3 + 4j
real_part = z.real  # 获取实部(结果为3.0)
imag_part = z.imag  # 获取虚部(结果为4.0)
```

复数支持各种运算，包括加法、减法、乘法和除法等。例如：

```
a = 3 + 4j
b = 3 - 4j
# 加法
addition = a + b
print(f"加法: {addition}")  # 结果为 (6+0j)
# 减法
subtraction = a - b
print(f"减法: {subtraction}")  # 结果为 (0+8j)
# 乘法
multiplication = a * b
print(f"乘法: {multiplication}")  # 结果为 (25+0j)

# 除法
division = a / b
print(f"除法: {division}")  # 结果为 (-0.28+0.96j)
```

共轭复数：使用 .conjugate() 方法可以得到复数的共轭复数。例如：

```
z = 3 + 4j
conjugate_z = z.conjugate()  # 获取 z 的共轭复数(结果为3-4j)
```

2.2.2　字符串类型

1. 字符串的表示

字符串是字符的组合序列，使用单引号(' ')、双引号(" ")或三引号(''' '''或""" """)表示。
例如：

```
single_quoted = 'Hello, World!'
double_quoted = "Hello, World!"
triple_quoted = '''Hello,
             World!'''
```

单引号和双引号的选择取决于个人偏好，三引号通常用于多行字符串或文档字符串。

2. 转义字符

转义字符是一些特殊字符，Python 用反斜杠(\)开始的字符来表示转义字符，例如，换
行符(\n)、制表符(\t)和回车符(\r)。表 2-2 列出了常用的转义字符。转义字符示例如下：

```
multiline = "This is a \nmulti-line string."  # 换行\n
tabbed = "This is \ttabbed."  # 制表符\t
```

表 2-2　转义字符

转义字符	含　义	转义字符	含　义
\	续行符	\'	单引号
\"	双引号	\\	反斜杠
\a	响铃	\b	退格
\f	换页	\n	换行
\r	回车	\t	水平制表符
\v	垂直制表符	\0	空字符
\oyy	八进制数，yy 表示字符的八进制值	\xhh	十六进制数，hh 表示字符的十六进制值

3. 字符串的索引和切片

使用字符串可以进行索引和切片操作。每个字符都有一个索引，可以用于访问字符串中的特定字符。从左往右的常规索引序号表达方式从 0 开始，如图 2-2 所示。Python 也可以从字符串末尾开始表示字符在字符串中的位置，这是通过负数索引的方式来表示，如图 2-3 所示。

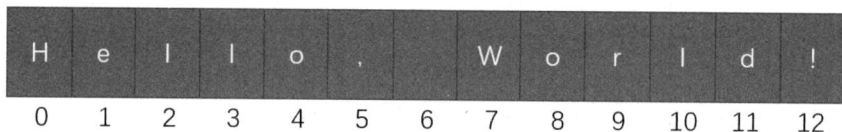

H	e	l	l	o	,		W	o	r	l	d	!
0	1	2	3	4	5	6	7	8	9	10	11	12

图 2-2　字符串的正数索引

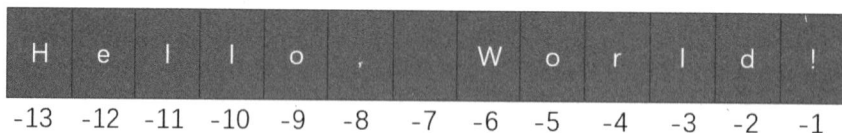

H	e	l	l	o	,		W	o	r	l	d	!
-13	-12	-11	-10	-9	-8	-7	-6	-5	-4	-3	-2	-1

图 2-3　字符串的负数索引

字符串的索引和切片示例如下：

```
my_string = "Hello, World!"
first_char = my_string[0]      # 获取第一个字符(H)
last_char = my_string[-1]      # 获取最后一个字符(!)
substring = my_string[7:12]    # 切片操作(World)
```

substring 这个切片操作选择了索引[7, 12)的部分，切片操作是左闭右开的，所以它包括了索引 7(W)到索引 11(d)之间的字符。

4. 字符串的不可变性

字符串是不可变的，意味着一旦创建了字符串，就不能直接修改其内容。但可以通过字符串拼接、切片和格式化等方式来创建新的字符串。例如：

```
original_str = "Hello"
modified_str = original_str + ", World!"  # 字符串拼接，+表示拼接字符串
```

5. 字符串方法和操作

Python 提供了许多内置函数方法来操作字符串，具体如下：

- upper()、lower()：将字符串转换为全大写或全小写。
- strip()、lstrip()、rstrip()：删除字符串两侧或特定侧的空格或指定字符。
- split()：将字符串拆分为子字符串列表。
- replace()：替换字符串中的子字符串。

以上函数的使用示例如下：

```
# 原始字符串
text = "  Hello, World!  "

# upper()：将字符串转换为全大写
text_upper = text.upper()
print("转换为大写:", text_upper)  # 输出: "  HELLO, WORLD!  "

# strip()：去除两端空格
text_stripped = text.strip()
print("去除两端空格:", text_stripped)  # 输出: "Hello, World!"

# split()：按逗号分隔字符串
text_split = text.split(",")
print("按逗号分隔:", text_split)  # 输出: ['  Hello', ' World!  ']

# replace()：替换字符串中的子字符串
replaced_text = text.replace("World", "Universe")
print("替换子字符串:", replaced_text)  # 输出: "  Hello, Universe!  "
```

6. 格式化字符串

Python 提供了多种格式化字符串的方式，例如：

- 使用 % 运算符进行格式化。
- 使用 .format()方法进行格式化。
- 使用 f-strings(在 Python 3.6 及以上版本中可用)。

格式化字符串的使用示例如下：

```
name = "Alice"
age = 30
formatted_str = "Name: %s, Age: %d" % (name, age)  # 使用 % 进行格式化, name
赋值给第一个%, age 赋值给第二个%
```

```
formatted_str = "Name: {}, Age: {}".format(name, age)  # 使用 .format() 进
行格式化
formatted_str = f"Name: {name}, Age: {age}"  # 使用 f-strings 进行格式化
```

字符串是 Python 中常用的数据类型之一，了解其基本特性、索引切片、不可变性以及丰富的方法和格式化方式对于处理文本数据和字符串操作至关重要。

7. 字符的编码

字符与 ASCII 码的操作是字符处理和编码的重要部分，同时字符也是组成字符串的基本单位，而 ASCII(American Standard Code for Information Interchange)则是字符与数字编码之间的标准映射，参见附表 D。

字符是单个的符号，可以是字母、数字、标点符号或其他符号。例如，'A'、'1'、'#' 都是字符。而 ASCII 码是字符和数字之间的映射，ASCII 使用 7 位二进制数表示字符，共定义了 128 个字符，范围为 0~127。例如：

'A' 的 ASCII 码是 65。

'a' 的 ASCII 码是 97。

'0' 的 ASCII 码是 48。

字符常用的函数和方法记录在表 2-3 中。

表 2-3　字符常用方法

函　　数	说　　明
ord()	将字符转换为其对应的 ASCII 码
chr()	将 ASCII 码转换为对应的字符
isalpha()	判断字符是否为字母
isdigit()	判断字符是否为数字
isalnum()	判断字符是否为字母或数字
isspace()	判断字符是否为空白字符
upper()	将字符转换为大写字符
lower()	将字符转换为小写字符

(1) ord()方法。ord()方法用于将字符转换为对应的 ASCII 码。

```
print(ord('A'))
print(ord('a'))
print(ord('0'))
```

输出结果：

```
65
97
48
```

(2) chr() 方法。chr() 方法用于将 ASCII 码转换为对应的字符。

```
print(chr(65))
print(chr(97))
print(chr(48))
```

输出结果：

```
A
a
0
```

(3) 判断字符类型方法。str.isalpha() 方法用于判断字符是否为字母；str.isdigit() 方法用于判断字符是否为数字；str.isalnum() 方法用于判断字符是否为字母或数字；str.isspace() 方法用于判断字符是否为空白字符。

```
char = 'A'
print(char.isalpha())
print(char.isdigit())
print(char.isalnum())
print(char.isspace())
```

输出结果：

```
True
False
True
False
```

(4) 转换字符大小写方法。str.upper() 方法用于将字符转换为大写；str.lower() 方法用于将字符转换为小写。

```
char = 'a'
print(char.upper())
print(char.lower())
```

输出结果：

```
A
a
```

2.2.3　布尔类型

在 Python 中，布尔类型是内置的数据类型，它是 True 和 False 这两个预定义的值。注意 True 和 true 区别，False 和 false 区别。例如：

```
is_true = True
is_false = False
```

这些值通常用于判断条件的真假。布尔类型是很多控制结构和逻辑操作的基础，因为它们代表了逻辑上的真(1)和假(0)。

布尔类型常用于执行逻辑运算。Python 提供了多个逻辑操作符，如与(and)、或(or)、非(not)等，用于组合和操作布尔类型的值。例如：

```
# 与运算
result_logical_and = (5 > 3) and (4 < 2)  # 结果为 False
# 或运算
result_logical_or = (5 > 3) or (4 < 2)  # 结果为 True
# 非运算
result_logical_not = not (5 > 3)  # 结果为 False
```

使用这些逻辑操作符可以对布尔值进行组合，或对表达式的布尔值结果进行求反。逻辑运算真值表如图 2-4 所示。

与逻辑			或逻辑			非逻辑	
A	B	F	A	B	F	A	F
0	0	0	0	0	0	0	1
0	1	0	0	1	1		
1	0	0	1	0	1	1	0
1	1	1	1	1	1		

图 2-4 逻辑运算真值表

逻辑操作符还有一个特点是逻辑短路，是指在逻辑运算过程中，如果根据已知的值可以确定整个表达式的结果，那么后续的表达式计算将会被提前结束，从而提高了程序的效率。

例如，在 and 运算中，如果第一个操作数为 False，那么整个表达式的结果必定为 False，无须计算第二个操作数，这就是逻辑短路的应用。同样，在 or 运算中，如果第一个操作数为 True，那么整个表达式的结果必定为 True，无须计算第二个操作数，同样会出现逻辑短路。

下面是逻辑短路的示例：

```
x = 4
result = x > 5 and x < 100
# 如果第一个操作数为 False，则不会执行 x < 100，提前结束计算

result2 = x < 5 and x > 2
# 如果第一个操作数为 True，则继续执行 x > 2

result3 = x < 5 or x > 3
# 如果第一个操作数为 True，则不会执行 x > 3，提前结束计算
```

在 Python 中，布尔类型可以与其他类型相互转换。例如，数字 0 被视为 False，而非零的数字被视为 True。空的容器也会被视为 False，而有内容的容器被视为 True。后续章节涉及的列表、字符串、元组等容器也适用。可以用 bool 函数进行转换计算，例如：

```
bool_zero = bool(0)           # 0 转换为 False
bool_nonzero = bool(42)       # 非零数字转换为 True
bool_empty_str = bool('')     # 空字符串转换为 False
bool_nonempty_str = bool('Hello')  # 非空字符串转换为 True
```

2.3　基本运算符和表达式

在 Python 编程中，理解和运用各种运算符及表达式是编写高效代码的基础。接下来将详细介绍 Python 中的基本运算符和表达式，帮助掌握如何进行算术运算、比较操作、逻辑判断及位操作等。此外，还将探讨输入与输出的基本方法及如何使用赋值语句进行变量操作。

2.3.1　运算符

Python 支持多种类型的运算符，包括算术运算符、比较运算符和位运算符。

1. 算术运算符

算术运算符用于执行基本的数学运算。在 Python 中，常见的算术运算符如下。

- 加法运算符(也称加号，+)和减法运算符(也称减号，-)：用于执行加法和减法操作。
- 乘法运算符(*)和除法运算符(/)：用于执行乘法和除法操作。
- 取模运算符(%)：返回除法的余数。
- 幂运算运算符(**)：返回一个数的指数幂。
- 整除运算符(//)：执行地板除法，即返回除法结果的整数部分，忽略任何小数部分。

下面是算术运算符的使用示例。

```
# 加法
result_addition = 5 + 3          # 结果为 8
# 减法
result_subtraction = 5 - 3       # 结果为 2
# 乘法
result_multiplication = 5 * 3    # 结果为 15
# 字符串乘法
```

```
result_multiplication = "123"* 3
# 结果为123123123，当字符串乘上一个数字时，会返回一个被重复该数字次数的字符串
# 除法
result_division = 5 / 3                  # 结果为1.6666666666666667
# 取模
result_modulus = 5 % 3                   # 结果为2，5除以3得余数2
# 幂运算
result_power = 5 ** 3                     # 结果为125，实际为5*5*5
# 整除运算
result_floor_division = 5 // 3           # 结果为1，因为5除以3结果的整数部分为1
```

注意： 当字符串乘以一个数字时，会返回一个被重复该数字次数的字符串。

2. 比较运算符

比较运算符用于比较两个值，并返回布尔类型的结果。Python 支持以下比较运算符。

(1) 等于号(==)不等于号(!=)：用于检查两个值是否相等或不相等。

(2) 大于号(>)、小于号(<)、大于等于号(>=)、小于等于号(<=)：用于执行大于、小于、大于等于和小于等于的比较。

下面是比较运算符的使用示例。

```
# 等于运算
result_equality = 5 == 3         # 结果为False
# 不等于运算
result_inequality = 5 != 3       # 结果为True
# 大于运算
result_greater_than = 5 > 3      # 结果为True
# 小于运算
result_less_than = 5 < 3         # 结果为False
# 大于等于运算
result_greater_equal = 5 >= 3    # 结果为True
# 小于等于运算
result_less_equal = 5 <= 3       # 结果为False
```

Python 允许多个比较运算符连续使用，这被称为链式比较。例如，x < y < z 将等价于 x<y and y<z。示例如下：

```
x, y, z = 2, 4, 6
result_chain_comparison = x < y < z  # 结果为True。思考：从左到右，还是从右到左？
```

3. 位运算符

Python 提供了位运算符，用于对整数的二进制表示进行位操作。

按位与运算符(&)、按位或运算符(|)、按位异或运算符(^)、按位取反运算符(~)：用于执行按位与、按位或、按位异或和按位取反操作。

位运算符的使用示例如下：

```
# 按位与运算
result_bitwise_and = 5 & 3        # 结果为 1，计算过程如图 2-5 左图所示
# 按位或运算
result_bitwise_or = 5 | 3         # 结果为 7
# 按位异或运算
result_bitwise_xor = 5 ^ 3        # 结果为 6，计算过程如图 2-5 右图所示
# 按位取反运算
result_bitwise_not = ~5           # 结果为 -6
```

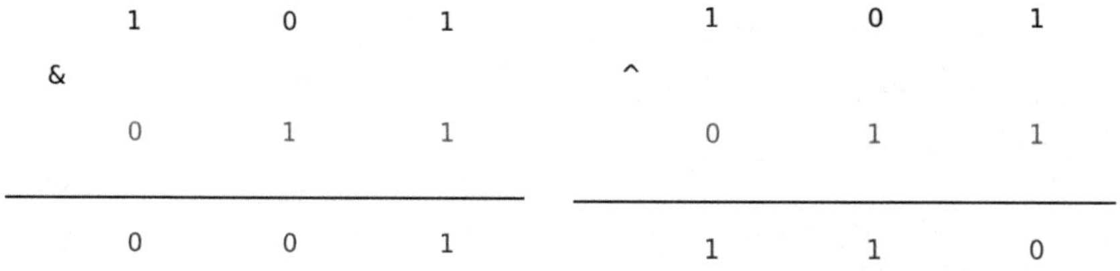

```
    1       0       1           1       0       1
&                           ^

    0       1       1           0       1       1
  _____   _____

    0       0       1           1       1       0
```

图 2-5 5&3 计算过程(左)，5^3 计算过程(右)

Python 支持左移(<<)和右移(>>)的位运算，它们将二进制数向左或向右移动指定的位数。例如：

```
# 左移运算
result_left_shift = 5 << 2        # 结果为 20，计算过程如图 2-6 左图所示
```

```
# 右移运算
result_right_shift = 5 >> 2       # 结果为 1，计算过程如图 2-6 右图所示
```

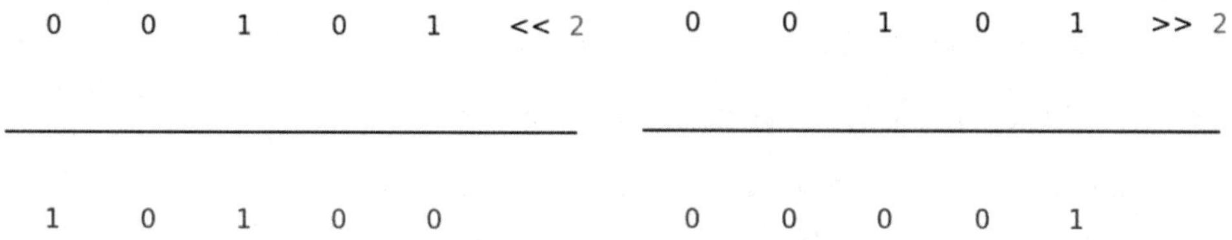

```
  0    0    1    0    1    << 2        0    0    1    0    1    >> 2

  _____   _____

  1    0    1    0    0            0    0    0    0    1
```

图 2-6 5 << 2 计算(左)，5 >> 2 计算(右)

理解这些运算符的用法和规则可以帮助编写更高效、更清晰的代码，并正确处理各种计算需求。

2.3.2 基本输入与输出

1. 输入语句

使用内置的 input()函数从标准输入(通常是键盘)接收用户输入，并将输入的内容作为字符串返回，例如：

```
name = input("请输入您的姓名：")
print("您输入的姓名是：", name)
```

(1) 这段代码将提示输入姓名，并将输入的内容存储在变量 name 中。然后，使用 print()函数将输入的姓名输出到屏幕上。

(2) input()函数默认将输入的内容作为字符串返回。如果需要将输入的内容转换为其他类型(如整数、浮点数等)，可以使用类型转换函数。以下是使用不同类型转换函数的示例。

(3) int()函数将输入值转换为整数，例如：

```
age = int(input("请输入您的年龄："))
print("您输入的年龄是：", age)
```

float()函数将输入值转换为浮点数，例如：

```
height = float(input("请输入您的身高(米)："))
print("您输入的身高是：", height)
```

当有多个输入时，可以使用 split()以及 int()/float()方法进行处理，例如：

```
user_input = input("请输入您的体重(kg)和年龄(岁)，用空格分隔：")
# 使用 split()方法按空格分隔字符串
weight, age= user_input.split()
print("您输入的体重是：", weight, "kg")
print("您输入的年龄是：", age, "岁")
```

2. 输出语句

(1) print()函数用于输出数据到标准输出(通常是屏幕)。它支持格式化输出，允许以特定的格式打印变量值，print([输出表列], end= "\n", sep= "␣")。

```
print("Hello, World!")  # 输出 Hello, World!
```

(2) print()函数可以接收多个参数，并在打印时用空格分隔它们。通过指定 end 参数，可以更改默认的换行符。例如：

```
print("Hello", "World!", end=" ")   # 输出 Hello World!(无换行)
print("Welcome to Python!")         # 输出 Welcome to Python!(有换行)
```

(3) print()函数用于在屏幕上打印输出。可以提供多个参数，它们在打印时会按照默认空格分隔，并在最后自动换行。通过指定 end 参数，可以改变默认的换行符为其他字符。例如：

```
print("Hello", end=", ")
print("World!")          #输出 Hello, World!
```

3. 格式化输出

在 Python 中，有多种方式可以格式化输出。其中，str.format()和 f-strings 是两种常用的格式化输出方式。

(1)　str.format()输出方式。

str.format()方法允许在字符串中插入变量和表达式，用于生成格式化的字符串输出。例如：

```
name = "Alice"
age = 25
print("My name is {}, and I am {} years old.".format(name, age))
```

str.format()方法用于创建格式化字符串。花括号 {} 表示占位符，在调用 format()方法时，会用传递的参数替换占位符。可以在占位符中使用索引来控制变量的顺序。例如：

```
print("My name is {0}, and I am {1} years old. {0} is learning
Python.".format(name, age))
```

此外，还可以使用关键字参数来映射变量。例如：

```
print("My name is {name}, and I am {age} years
old.".format(name="Charlie", age=35))
```

(2)　f-strings 输出方式。

f-strings 是 Python 3.6 版本引入的一种字符串格式化方法，允许在字符串前加上 f 或 F 前缀。f-strings 允许在字符串中直接嵌入变量，并使用花括号{}括起变量名。例如：

```
name = "Bob"
age = 30
print(f"My name is {name}, and I am {age} years old.")
```

在进行小数点保留时，有多种方法可以实现，包括传统的%格式化操作符、str.format()方法和 f-strings 方法。

传统的%格式化操作符允许指定格式化的字符串，并在其中嵌入变量的值。对于浮点数，可以使用%m.nf 这样的格式说明符来指定小数点后的位数。其中，m 是总宽度(可选)，n 是小数点后的位数。例如：

```
pi = 3.141592653589793
# 使用%f 格式化，保留两位小数
formatted_pi = "%.2f" % pi
print(formatted_pi)  # 输出: 3.14

# 指定总宽度和小数位数
formatted_pi_width = "%10.2f" % pi
print(formatted_pi_width)  # 输出: '      3.14',前面有 6 个空格以填充到总宽度 10
```

str.format()通过在花括号内指定格式，可以控制小数点的位数。例如，保留两位小数，实现四舍五入。

```
value = 12.34567
print("The value is {:.2f}".format(value)) # 输出: The value is 12.35
```

使用 f-strings 时，可以在花括号内直接指定格式，例如：

```
value = 12.34567
print(f"The value is {value:.2f}") # 输出: The value is 12.35
```

Python 中的 input()和 print()函数是实现标准输入和输出的基本方法，而格式化输出使输出更加美观、易读。

2.3.3　表达式

表达式是由操作数和运算符组成的语句，按照一定的规则计算可得出结果。操作数可以是变量、常量或函数调用，而运算符则是用来执行各种操作的符号或函数。

1. 算术表达式

算术表达式是最基本的表达式类型之一，由算术运算符和操作数组成，用于执行基本的数学运算。例如：

```
# 算术表达式示例
result = 5 + 3 * 2 - 1
```

这个表达式包含了加法、乘法和减法运算。先执行乘法运算，结果为 6。然后执行加法和减法运算，最终结果为10。

2. 关系表达式

关系表达式用于比较两个值之间的关系，返回一个布尔值，表示关系是否成立。例如：

```
# 关系表达式示例
result = 5 > 3
```

这个表达式比较了 5 是否大于 3。如果条件成立，结果为 True；否则为 False。

3. 逻辑表达式

逻辑表达式用于执行逻辑运算，例如与、或、非等，通常用于控制程序的流程和逻辑。例如：

```
# 逻辑表达式示例
result = (5 > 3) and (4 < 2)
```

这个表达式结果为 False。两个条件都成立，结果为 True；否则为 False。显然 4 < 2

为 False。

4. 成员关系表达式

成员关系表达式用于判断某个值是否属于某个序列(如列表、元组、集合等)。例如：

```
# 成员关系表达式示例
result = 5 in [1, 2, 3, 4, 5]
```

这个表达式判断 5 是否包含在列表中。如果包含，结果为 True；否则为 False。

5. 身份运算符

身份运算符用于判断两个对象是否具有相同的内存地址，即它们是否引用同一个对象。例如：

```
# 身份运算符示例
x = [1, 2, 3]
y = [1, 2, 3]
result = x is y
```

这个表达式检查变量 x 和 y 是否引用同一个对象。由于列表是可变对象，在内存中可能存在多个相同值的副本，因此结果可能为 False。

6. 条件表达式

条件表达式(也称为三元运算符)是一种简洁的语法，用于根据条件选择两个值中的一个。例如：

```
# 条件表达式示例
x = 5
result = "正数" if x > 0 else "负数或零"
```

这个表达式根据变量 x 的值选择输出字符串。如果 x 大于 0，则输出"正数"；否则输出"负数或零"。

7. 调用表达式

调用表达式用于调用函数，并传递参数给函数。例如：

```
# 调用内置函数示例
result = len("Hello, World!")
```

这个表达式调用了内置函数 len()，并传递了字符串"Hello, World!"作为参数。函数返回字符串的长度，result 最终结果为 13。

8. lambda 表达式

lambda 表达式是使用一种简洁的方式来创建匿名函数。它通常用于需要函数作为参数的地方。例如：

```
# lambda 表达式示例
addition = lambda x, y: x + y
result = addition(5, 3)
```

这个表达式创建了一个匿名函数，用于执行加法运算。然后调用了这个匿名函数，传递了参数 5 和参数 3。

2.3.4 赋值语句

赋值语句将值赋给变量，包括简单的赋值、多重赋值和增量赋值等。

1. 基本赋值

最基本的赋值语句是将一个值赋给一个变量。变量无须声明，直接赋值即可创建。例如：

```
# 基本赋值示例
x = 10
```

这个赋值语句将值 10 赋给变量 x，变量 x 现在存储了整数值 10。

2. 序列赋值

允许一次将多个值赋给多个变量，这被称为序列赋值。例如：

```
# 序列赋值示例
x, y, z = 10, 20, 30
```

这个赋值语句将值 10 赋给变量 x，值 20 赋给变量 y，值 30 赋给变量 z。同时执行了多个赋值操作。

3. 增量赋值

Python 支持增量赋值操作。例如，增加、减少、乘以或除以一个值后，再赋值给同一个变量。例如：

```
# 增量赋值示例
x = 10
x += 5  # 相当于 x = x + 5
```

这个赋值语句将变量 x 的值增加了 5，使用了增量赋值操作符+=。

4. 链式赋值

允许将同一个值赋予多个变量，这被称为链式赋值。例如：

```
# 链式赋值示例
x = y = z = 10
```

这个赋值语句将值 10 赋给了变量 x、y 和 z。同时给多个变量赋相同的值。

5. 变量交换

Python 中交换两个变量的值非常简单，只需要使用多重赋值语句即可。例如：

```
# 变量交换示例
x, y = 10, 20
x, y = y, x
```

这个赋值语句交换了变量 x 和 y 的值。

6. 解包赋值

Python 支持解包赋值操作，可以将序列类型(如列表、元组)的值解包并赋给多个变量。例如：

```
# 解包赋值示例
x, y, z = [10, 20, 30]
```

这个赋值语句将列表[10, 20, 30]中的值解包并赋给变量 x、y 和 z。

本 章 小 结

本章介绍了 Python 语言基础，包括标识符和变量的规则、常量和变量的概念，以及 Python 中的基本数据类型，如整数、浮点数、复数和字符串。介绍了布尔类型及其运算，以及基本的运算符和表达式，包括算术、比较、逻辑和成员关系表达式，以及身份运算符。讨论了基本输入与输出的方法，包括使用 input()函数获取输入和使用 print()函数进行输出，以及字符串的格式化输出。

课 后 习 题

一、选择题

1. Python 标识符不能以(　　)开头。

　　A. 字母　　　　B. 数字　　　　　C. 下划线　　　　D. 以上都不对

2. (　　)是 Python 的关键字。

　　A. list　　　　B. for　　　　　C. input　　　　D. name

3. 在 Python 中，常量通常用(　　)表示。

　　A. 小写字母　　B. 大写字母　　　C. 下划线　　　　D. 混合大小写

4. Python 中的整数类型可以动态扩展以适应(　　)的数值。

A. 有固定限制   B. 无限制

C. 取决于操作系统   D. 取决于解释器

5. Python 支持(　　)的表示。

A. 十进制   B. 二进制   C. 八进制   D. 所有以上

6. 浮点数的精度存在限制的主要原因是(　　)。

A. Python 设计问题   B. 计算机使用二进制表示小数

C. 显示器分辨率限制   D. 键盘输入限制

7. Python 中(　　)函数可以用于比较两个浮点数是否接近。

A. math.fsum()   B. math.isclose()

C. abs()   D. round()

8. 以下 Python 代码的输出是(　　)。

```
print(chr(ord('a') + 1))
```

A. b   B. a   C. `   D. {

9. 假设有一个字符串 s = "Python programming"，以下(　　)可以用来获取字符串中的单词 "programming"?

A. s[6:]   B. s[-7:]   C. s[7:]   D. s[:7]

10. 以下 Python 代码的输出是(　　)。

```
num = 15
# hex()函数用于将十进制整数转换为十六进制
hex_value = hex(num)[2:]
# oct()函数用于将十进制整数转换为八进制
oct_value = oct(num)[2:]
print(f"The hexadecimal of {num} is {hex_value} \
    and the octal is {oct_value}.")
```

A. The hexadecimal of 15 is f and the octal is 17.

B. The hexadecimal of 15 is F and the octal is 17.

C. The hexadecimal of 15 is f and the octal is 15.

D. The hexadecimal of 15 is F and the octal is 15.

11. 在 Python 中，以下(　　)数值表示八进制。

A. 010   B. 0x10   C. 0b10   D. 0x99

12. 以下(　　)Python 代码片段正确地交换了两个变量的值。

A. a, b = b, a   B. a = a + b

C. a = b   D. a = a + b; b = a - b; a = a - b

13. 以下 Python 代码的输出是(　　)。

```
x = 5
y = 3
print(x > y and y < 4)
```

    A. True　　　　B. False　　　　C. 1　　　　　　D. 0

14. 以下(　　)布尔表达式的结果为 True。

    A. True and False　　　　　　　B. True or False

    C. not True　　　　　　　　　　D. False and False

15. 以下(　　)Python 表达式使用了字符串的格式化方法。

    A. `"Hello, %s" + "world"`

    B. `"Hello, " + "world"`

    C. `f"Hello, {name}"`(假设 name 变量已定义)

    D. `"Hello, ".format("world")`

二、填空题

1. 标识符必须以字母或_____开头。

2. 在 Python 中，变量的类型是在_____确定的。

3. Python 支持的进制表示包括二进制、八进制、_____和十六进制。

4. 科学记数法通过_____或 E 表示 10 的幂。

5. math 模块中的_____()函数提供了更高精度的浮点数求和方法。

6. 当整数和浮点数相加时，整数会被提升为_____。

7. 检查字符串 s 的最后一个字符是否为'a'的关系表达为：_____。

8. 以下 Python 代码的输出是_____。

```
a = 10
b = 5
print(a // b)
```

9. 以下 Python 代码的输出是_____。

```
s = "Hello, World!"
print(s[-6:])
```

10. 以下 Python 代码的输出是_____。

```
x = 3.14159
y = 2.71828
print(math.isclose(x, y, rel_tol=0.01))
```

三、编程题

1. 编写一个 Python 程序，计算并输出两个整数的和。

2. 编写一个 Python 程序，计算并输出一个字符串的长度。

3. 编写一个 Python 程序，计算并输出两个整数的乘积和商。

4. 编写一个 Python 程序，使用 input()函数接收用户输入的两个数字，并计算它们的平均值。如果是一行输入两个整数呢？

5. 编写一个 Python 程序，通过使用 datetime 库以实现输出当前日期和时间。

6. 编写一个 Python 程序，计算并输出一个列表中所有数字的和、平均值、最大值、最小值等。

7. 编写一个 Python 程序，给定一个华氏温度(F)，计算对应的摄氏温度(C)。计算公式 $C=5×(F-32)/9$。题目保证输入与输出均在整数类型范围内。

8. 编写一个 Python 程序，顺序读入浮点数 1、整数、字符、浮点数 2，再按照字符、整数、浮点数 1、浮点数 2 的顺序输出。

9. 编写一个 Python 程序，程序每次读入一个正 3 位数，然后输出按位逆序的数字。注意：当输入的数字含有结尾的 0 时，输出不应带有前导的 0。例如，输入 700，输出应该是 7。

10. 编写一个 Python 程序，输入十进制整数，输出对应的八进制整数。

📹 微课视频

扫一扫，获取本章相关微课视频。

2.1 标识符和变量	2.2 基本数据类型	2.3 基本运算符和表达式

第 3 章

基本流程结构控制

【学习目标】

- 理解顺序、选择和循环结构的概念及其应用。
- 掌握 if-else、for、while 等语句的语法和用法。
- 能够综合使用并嵌套各种控制结构实现复杂的业务逻辑。
- 学会调试和优化代码中的控制流，以提升程序的效率和可读性。

3.1　顺　序　结　构

顺序结构是最基本的结构，程序按照语句的顺序依次执行，中间没有任何判断和跳转，直至程序结束。顺序结构流程图如图 3-1 所示。

【例 3-1】编写程序，从键盘输入三个数，计算并输出它们的平均值，要求平均值的结果保留 1 位小数。

程序的执行流程为：输入三个数，计算平均值，输出平均值。输入时，使用转换函数将字符串转换为浮点数；输出时，采用格式输出方式%.1f控制小数点的位数。代码如下：

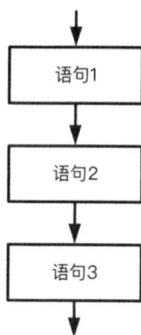

图 3-1　顺序结构

```python
a = float(input("请输入第一个数: "))
b = float(input("请输入第二个数: "))
c = float(input("请输入第三个数: "))
average = (a + b + c)/3
print("平均值为: %.1f" % average)
```

【例 3-2】编写程序，从键盘输入圆的半径，计算并输出圆的周长和面积。

在计算圆的周长和面积时需要使用π的值，通过调用 Python 中的 math 模块直接使用该常量进行周长和面积的计算。代码如下：

```python
import math #引入 math 库
radius = float(input("请输入圆的半径: "))
circumference = 2 * math.pi * radius
area = math.pi * radius * radius`
print("圆的周长为: %.2f" % circumference)
print("圆的面积为: %.2f" % area)
```

3.2 分 支 结 构

分支结构，也称选择结构，是指通过判断某些特定条件是否满足来决定下一步的执行流程。常见的有单分支结构、双分支结构、多分支结构和嵌套的分支结构。

3.2.1 单分支结构

单分支结构是最简单的一种选择结构，如图 3-2 所示。如果 if 表达式成立，即值为真时，执行语句块；反之条件表达式的值为假时，直接跳出 if 语句体，执行其后面的语句。

单分支的语法格式如下(其中关键字 if 与表达式之间用空格隔开，表达式后是英文冒号，语句块中的全部语句均缩进 4 个空格)。

图 3-2 单分支结构

```
if 条件表达式:
    语句块
```

例如：

```
score = int(input("请输入成绩: "))
if score > 60:
    print("成绩及格! ")
```

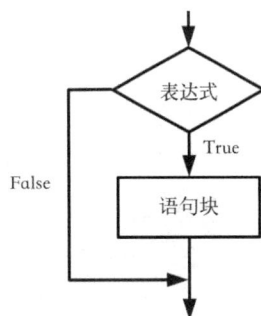

3.2.2 双分支结构

双分支结构是在原来的单分支结构上，除条件为真时需要执行的语句块外，条件为假时需要执行另一个语句块。其流程如图 3-3 所示。

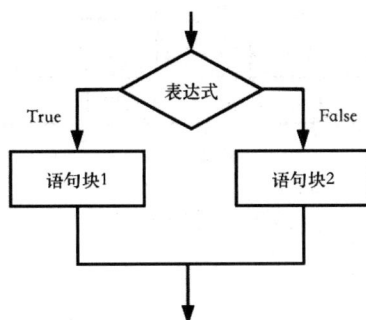

图 3-3 双分支结构

其语法结构如下(如果条件表达式成立，则执行 if 条件下语句块 1 中的代码，否则执行 else 条件下语句块 2 中的代码)。

```
if 条件表达式:
    语句块 1
else:
    语句块 2
```

例如:

```
score = int(input('请输入成绩: '))
if score > 60:
    print('成绩及格!')
else:
    print('成绩不及格!')
```

3.2.3 多分支结构

如果需要判断多种情况，那就需要使用多分支结构 if-elif-else 语句，其中 elif 是 else if 的缩写。如图 3-4 所示，如果表达式 1 的结果为真，则执行语句块 1；否则，就继续判断表达式 2 的值。如果表达式 2 的结果为真，则执行语句块 2；否则，就继续判断表达式 3 的值。直到所有的表达式都不满足为止，执行 else 后的语句块 4。

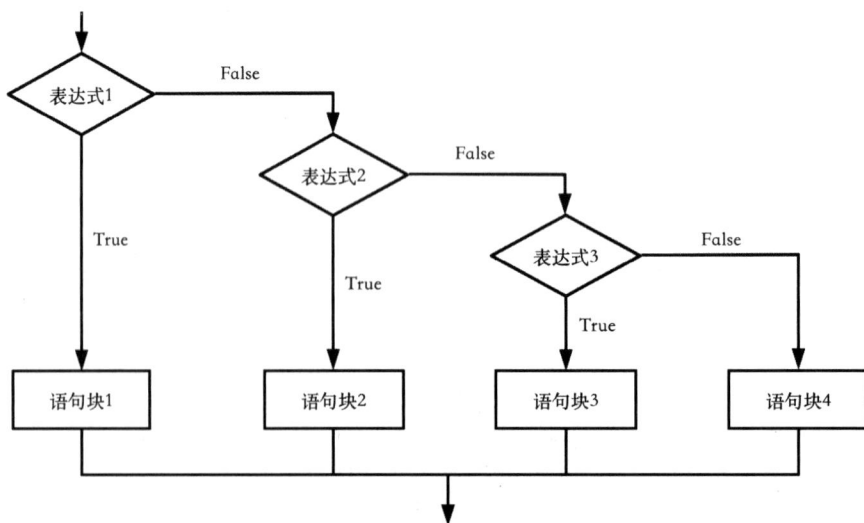

图 3-4　多分支结构

其语法结构如下:

```
if 条件表达式1:
    语句块 1
```

```
elif 条件表达式 2:
    语句块 2
…………
else:
    语句块 N
```

例如：

```
score = int(input('请输入成绩: '))
if score > 85:
    print('成绩优秀! ')
elif score > 75
    print('成绩良好! ')
elif score > 60
    print('成绩及格! ')
else:
    print('成绩不及格! ')
```

【例 3-3】 计算下面这个分段函数。

$$f(x) = \begin{cases} -1 & x < 0 \\ 0, & x = 0 \\ 2x, & x > 0 \end{cases}$$

程序的执行流程是从键盘输入 x 的值，考虑使用多分支选择结构判断 x 是否小于 0，如果结果为真，则结果为-1，否则判断 x 是否为 0。如果结果为真，则结果为 0，否则判断 x 是否大于 0。当结果为真时，则计算 $2x$ 的值，最后输出结果。

代码如下：

```
x = int(input())
f = 0
if x < 0:
    f = -1
elif x == 0:
    f = 0
else:
    f = 2 * x
print(f)
```

【例 3-4】 在实际应用中的零售系统，会根据顾客购买的金额来应用不同的折扣率。以下是一个基于顾客购买总金额来决定折扣的示例。

```
total_amount=450          #假设总金额为 450 元
discount_rate = 0         #折扣率

if total_amount < 100:
    discount_rate = 0     # 没有折扣
elif 100 <= total_amount < 200:
```

```
        discount_rate = 0.05      # 5%的折扣
elif 200 <= total_amount < 500:
        discount_rate = 0.1       # 10%的折扣
else:
        discount_rate = 0.15      # 超过500元，15%的折扣

final_price=total_amount*(1-discount_rate)
print(f"原价为{total_amount}元，折扣后的价格为{final_price}元")
```

3.2.4　分支嵌套结构

嵌套的条件语句，包括 if、if-else、if-elif-else 等综合嵌套。

例如：

```
score = int(input('请输入成绩: '))
if score > 100 or score < 0:
    print('错误成绩')
else:
    if score > 85:
        print('成绩优秀! ')
    elif score > 75:
        print('成绩良好! ')
    elif score > 60:
        print('成绩及格! ')
    else:
        print('成绩不及格! ')
```

在使用分支结构时，注意事项如下。

(1) 表达式可以是任意类型，例如 5>3、x==y、0 等。

(2) 可以只有 if 子句构成单分支结构，但是一个 else 子句必须和一个 if 子句配对出现，只有一个 else 子句会出现报错。

(3) 语句块可以是一条或多条语句。多条语句注意句子的缩进格式。

【例 3-5】开发一个小型计算器，输入两个数字和一个运算符，根据运算符(+、-、*、/)进行相应的数学计算。如果不属于这四种运算符，则给出错误提示。

因为有四种运算符需要进行分析判断，所以选择多分支结构 if-elif-else 语句。注意：除数不能为 0，所以需要嵌套一个 if-else 语句判断除数是否为 0，若不为 0，则继续完成计算，否则给出错误提示。代码如下。

```
first = float(input('请输入第一个数字: '))
second = float(input('请输入第二个数字: '))
sign = input("请输入运算符号: ")
if sign == '+':
```

```
    print('两数之和:', first + second)
elif sign == '-':
    print('两数之差:', first - second)
elif sign == '*':
    print('两数之积: ', first * second)
elif sign == '/':
    if second != 0:
        print('两数之商: ', first / second)
    else:
        print('除数为 0,输入错误! ')
```

【例 3-6】输入年份，输出这个年份是不是闰年。

输入年份，根据年份判断是不是闰年。判断闰年使用以下规则：如果年份能够被 4 整除但不能被 100 整除，则是闰年；如果年份能够被 400 整除，则是闰年；否则不是闰年。代码如下：

```
# 输入年份
year = int(input("请输入年份: "))

# 判断是否为闰年
if (year % 4 == 0 and year % 100 != 0) or (year % 400 == 0):
    print(f"{year} 是闰年")
else:
    print(f"{year} 不是闰年")
```

3.3　循　环　结　构

循环是指程序中反复执行某些代码，一直重复执行直到条件不满足为止。在 Python 中有两种循环结构：while 循环和 for 循环。

3.3.1　while 循环

while 语句流程如图 3-5 所示。当表达式为真时，执行循环体，然后再继续判断表达式的值。如果结果为真，则继续执行循环体，重复这个过程，直到表达式的值为假，结束该循环。

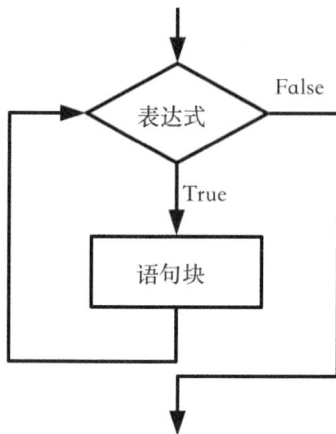

图 3-5　while 语句的流程

语法结构为：

```
while 条件表达式:
    循环体
else:
    语句块
```

while 语句与其他语句的对比。

(1) 与 if 语句类似，条件表达式可以是任意语句。

(2) 与 if 语句的差别是，if 语句是满足条件执行一次，while 语句只要满足条件会一直重复执行下去。

(3) while 语句是执行前进行条件判断，因此循环语句块有可能一次都没执行。

(4) else 可以省略。else 是当前条件表达式不满足时执行 else 内部语句块，执行一次，结束该循环。

(5) 在循环体内必须有代码修改循环条件中的变量，否则，while 循环将永远重复下去。例如：

```
a = 1
while a > 0:
    print("有效数字")
else:
    print('无效数字')
```

由于循环体中没有改变 a 的值，因此 a 的值永远满足 while 的条件为真的语句，此时，出现死循环。

死循环：在 while 循环中，如果表达式的值恒为真，循环将一直重复执行，从而造成死循环。死循环是很危险的，编程需要避免死循环。例如：

```
while 1:
```

```
        print('这是一个死循环')
```

【例 3-7】简单的累加器，计算从 1～*n* 的总和。代码如下：

```
# 请求输入一个数字
n = int(input("请输入一个整数："))


# 初始化累加器
total = 0
current = 1
# 使用 while 循环计算从 1 到 n 的总和
while current <= n:
    total += current
    current += 1        #循环变量 current 每次+1 做出改变


print(f"从 1 到{n}的总和是：{total}")
```

【例 3-8】只接受 10～20 范围内的数字。代码如下：

```
num=int(input("请输入一个整数："))
while num<10 or num >20:
    print("数字不符合要求，请重新输入")
    num=int(input())
else:
    print("输入符合要求，输入的数字为", num)
```

3.3.2　for 循环和 range()函数

for 循环用于迭代对象，包括列表、元组、集合等。这与其他编程语言中的 for 关键字不太相似，其语法结构为：

```
for 循环变量 in 可迭代对象：
    循环体
else：
    代码块
```

如果 for 循环要遍历一定范围内的整数，可以使用 range()函数构造一个有序序列。函数原型是 range(start,end,step)，其中 start 决定序列的起始值(可以省略，省略时表示从 0 开始)，end 决定序列的终值，step 是序列的步长(可以省略，默认值是 1)。它的三种用法如下。

(1) range(*n*)：构造一个[0,*n*)之间所有整数的序列，包括 0 不包括 *n*。例如 range(4)是序列 0, 1, 2, 3。

(2) range(*a*,*b*)：构造一个[*a*,*b*)之间所有整数的序列，包括 *a* 不包括 *b*。例如 range(1, 4)是序列 1, 2, 3。

(3) range(*a,b,s*)：构造一个[*a,b*)之间所有整数的序列，从 *a* 开始，每次加 *s*，直到等于或大于 *b* 为止，包括 *a* 不包括 *b*。例如，range(1,10,2)是序列 1, 3, 5, 7, 9。

【例 3-9】使用 for 循环语句计算 1～*n* 的和。代码如下：

```python
num=int(input("请输入数字 n"))
sum=0
for i in range(num+1):
#range(num)不包括 num 本身，因此 num+1 构造 0,1,2,…,num 序列
    sum = sum + i
print("1～n 的和为：", sum)
```

【例 3-10】使用 for 循环语句计算 1～*n* 之间的偶数的和。代码如下：

```python
num=int(input("请输入数字 n"))
sum=0
for i in range(2, num+1, 2):
sum = sum + i
print("1～n 之间偶数的和为：", sum)
```

while 语句和 for 语句要注意。

(1) while 循环一般用于循环次数难于提前确定的情况，给出条件即可。

(2) for 循环一般用于确定循环次数的情况，尤其适用于枚举或遍历可迭代对象中的元素。

(3) 两者都可以带 else 循环，都可以省略，都是当条件不满足时，执行 else 结构中的语句。特别注意，如果是因为执行 break 语句导致循环提前结束，不需要执行 else 中的语句。

3.3.3　break 语句和 continue 语句

一般情况下，while 循环和 for 循环会在达到设定的循环次数前一直执行下去，如果需要灵活终止循环，可以使用 break 语句和 continue 语句。break 语句和 continue 语句通常在 while 循环和 for 循环中结合 if 判断使用，用于当满足某个条件时改变代码执行流程。

break 语句用于立即终止当前所在的最内层循环，控制流将转到循环后的下一个语句。对于包含 else 语句的 while 循环和 for 循环，一旦在循环中执行了 break 语句，那么其后的 else 就不会被执行。如果使用嵌套循环 break 语句，将跳出最内层的循环。

continue 语句用于立即结束当前循环迭代，并将控制流转到循环的下一次迭代。如果在嵌套循环中使用 continue 语句，它只会影响所在的最内层循环，而不会干扰外层循环的执行。

例题：计算 100 内能被 3 整除的数字之和。

【例 3-11】用 for 循环中执行 continue 语句。代码如下：

```
total=0
for number in range(100):
    if number % 3 != 0:
        continue
    total = total + number
print("the number is ", number)
```

【例 3-12】 用 while 循环中执行 continue 语句。代码如下：

```
total=0
number=0
while number <= 100:
    if number % 3 != 0:
        continue
    total = total + number
    number+=1
print("the number is ", number)
```

在正常情况下，break 语句和 continue 语句经常搭配使用。

【例 3-13】 break 和 continue 的综合使用。

输入密码，如果密码长度小于 6 位数，则要求重新输入。如果长度等于 6 位数，则判断密码是否正确。如果正确，则中断循环；否则提示错误，并要求继续输入。代码如下：

```
while True:
    password=input("请输入密码: ")
    if len(password) !=6 :
        print("密码输入长度不对，请重新输入! ")
        continue
    if password == "123456":
        print("恭喜你，输入正确! ")
        break
    else:
        print("密码错误，请重试! ")
```

例题： 今有物不知其数，三三数之剩二，五五数之剩三，七七数之剩二，问几何？

解题思路是从 0 开始逐一判断是否满足条件，若满足条件则输出数字并跳出循环。接下来用 for 循环和 while 循环两种方法来实现。

【例 3-14】 用 for 循环中执行 break 语句。代码如下：

```
for number in range(100):
    if number % 3 == 2 and number % 5 == 3 and number % 7 == 2:
        print("the number is ", number)
        break
```

【例3-15】用 while 循环中执行 break 语句。代码如下：

```
number=0
while True:
    if number % 3 == 2 and number % 5 == 3 and number % 7 == 2:
        print("the number is ", number)
        break
    else:
        number = number + 1
```

continue 语句用于跳过当前循环的剩余部分，直接开始下一次循环迭代。continue 语句一般会结合 if 语句使用，然后继续进行下一轮循环。如果使用嵌套循环，continue 语句将只跳过最内层循环中的剩余语句。

3.3.4 循环的嵌套

在 Python 中，循环嵌套是指在一个循环体内部放置另一个循环。嵌套循环可以是任意类型的循环(for 或 while)。

【例3-16】for 循环输出九九乘法表。代码如下：

```
# 输出九九乘法表
for i in range(1, 10):  # 从1到9
    for j in range(1, i+1):  # 确保每行输出的列数与行数相等
        print(f"{j} * {i} = {i*j}", end="\t")  # 使用制表符分隔每个表达式
    print()  # 每完成一行后换行
```

对比以下代码，看看有什么不同效果。

```
for i in range(1, 10):
        for j in range(1, 10):
            print(f"{j} * {i} = {i*j}", end="\t")
        print()
```

思考：如果只需要打印九九乘法表下三角部分呢？代码如何修改？

3.3.5 经典例题

【例 3-17】输入两个正整数 m 和 n，输出 m 到 n 之间的所有水仙花数。水仙花数是指各位上数字的立方和等于其自身的数，例如，$153=1^3+5^3+3^3$。代码如下：

```
# 输入两个正整数(字符串)
m = input("请输入起始数 m: ")
n = input("请输入结束数 n: ")

# 遍历 m 到 n 之间的每个数
```

```
for num_str in range(int(m), int(n) + 1):
    num_str = str(num_str)      # 将当前数字转换为字符串
    sum_of_cubes = 0            # 立方和初始化

    # 计算 num_str 的立方和
    for digit in num_str:
        sum_of_cubes += int(digit) ** 3 # 累加每个位的立方值

    # 检查是否为水仙花个数
    if int(num_str) == sum_of_cubes:
        print(num_str)                      # 输出水仙花个数
```

【例 3-18】验证哥德巴赫猜想，任何一个大于 2 的偶数均可表示为两个素数之和。例如，4=2+2，6=3+3，8=3+5。要求将 6～100 之间的偶数都表示为两个素数之和，输出时一行 5 组，若有多组结果满足条件，则输出第一个被加素数最小的情况。例如，14=3+11 和 14=7+7，输出前一种情况。代码如下：

```
# 初始化计数器，用于记录找到符合条件的偶数对的数量
count = 0

# 标志位，表示是否已经找到了一个符合条件的打印输出
print_OK = False

# 遍历 6 到 100 之间的所有偶数(包括 100)
for num in range(6, 100 + 1, 2):
    # 每次开始新的 num 处理时重置标志位
    print_OK = False

    # 尝试从 2 开始的所有数字 i，检查它们是否为素数，并且可以与另一个素数组成当前的 num
    for i in range(2, num):
        is_i_prism = True     # 假设 i 是素数

        # 检查 i 是否真的为素数
        for k in range(2, i):
            if i % k == 0:        # 如果 i 能被 k 整除，则 i 不是素数
                is_i_prism = False
                break

        # 如果 i 是素数，进一步检查(num - i)是否也是素数
        if is_i_prism == True:
            is_num_i_prism = True     # 假设(num-i)是素数

            # 检查(num - i)是否真的为素数
            for l in range(2, num - i):
                if (num - i) % l == 0: # 如果(num-i)能被 l 整除，则不是素数
                    is_num_i_prism = False
```

```
                break

                # 如果 i 和(num-i)都是素数，打印这个组合
                if is_num_i_prism == True:
                    print(f"{num}={i}+{num - i}", end='\t')  #打印格式化的结果
                    count += 1              # 更新计数器

                    # 每打印 5 组换行一次
                    if count % 5 == 0:
                        print("\n")

                    print_OK = True    # 设置打印成功标志
                    break              # 跳出内层循环，继续下一个 num

        # 如果已成功打印了一组符合条件的素数，跳出 i 的循环
        if print_OK == True:
            break
```

【例 3-19】自守数，也称同构数，是指一个数的平方的尾数等于该数自身的自然数。例如 5，25 和 76 是自守数，因为 5×5=25，25×25=625，76×76=5776。任意输入一个自然数，判断是否为自守数，并输出 yes 或 no。代码如下：

```
# 输入一个自然数
num = input("请输入一个自然数: ")

# 计算平方
square = str(int(num) ** 2)

# 判断平方的尾部是否等于原数
if square.endswith(num):
    print("yes")
else:
    print("no")
```

【例 3-20】输入一个数字 m，判断整数 m 是不是素数。代码如下：

```
# 输入一个整数 m
m = int(input("请输入一个整数 m: "))

# 判断 m 是不是素数
is_prime = True

if m <= 1:
    is_prime = False
else:
  for i in range(2,m): #也可以用 math.sqrt(m)或 m**0.5 减少循环，即 for i in
range(2, math.sqrt(m))
```

```
    if m % i == 0:
        is_prime = False
        break
# 输出结果
if is_prime:
  print("yes")
else:
  print("no")
```

【例 3-21】输入两个数 n 和 m，计算 n 和 m 的最大公约数与最小公倍数。代码如下：

```
# 输入两个正整数 n 和 m
n = int(input("请输入第一个数n:"))
m = int(input("请输入第二个数m:"))

# 计算最大公约数(GCD)，使用欧几里得算法
a = n
b = m
while b != 0:
    a, b = b, a % b
gcd = a

# 计算最小公倍数 (LCM)
lcm = n * m // gcd

# 输出结果
print("最大公约数:", gcd)
print("最小公倍数:", lcm)
```

【例 3-22】输入一个数，输出相应行数的菱形图。例如输入 7 则输出如图 3-6 所示的图形。

```
      *
     ***
    *****
   *******
    *****
     ***
      *
```

图 3-6　例 3-22 输出示意图

代码如下：

```
    # 输入菱形图的行数(必须是奇数)
    n = int(input("请输入菱形图的行数(必须是奇数): "))
```

```
# 确保 n 是奇数
if n % 2 == 0:
    print("行数必须是奇数。")
else:
    # 上半部分
    for i in range(n // 2 + 1):
        # 打印前面的空格
        for j in range(n // 2 - i):
            print(" ", end="")
        # 打印星号
        for k in range(2 * i + 1):
            print("*", end="")
        print()

    # 下半部分
    for i in range(n // 2 - 1, -1, -1):
        # 打印前面的空格
        for j in range(n // 2 - i):
            print(" ", end="")
        # 打印星号
        for k in range(2 * i + 1):
            print("*", end="")
        print()
```

3.4　程序的异常处理

在程序开发过程中，错误和异常是不可避免的。Python 提供了一套完善的异常处理机制，帮助程序员处理运行时可能发生的各种错误，使程序能够在出现异常时有条不紊地处理，而不是直接放任程序崩溃。

3.4.1　异常的概念

异常(exception)是指程序运行过程中出现的非正常情况，比如试图打开一个不存在的文件、除以零、访问无效索引等。Python 中的异常处理机制允许程序在遇到异常时能够捕获异常信息并处理，从而保证程序的稳定性。

3.4.2　异常处理基础

Python 提供了 try、except、else 和 finally 四个关键字用于异常处理。其基本语法结构如下：

```
try:
    # 可能发生异常的代码
    语句块
except SomeException as e:
    # 处理特定异常的代码
    语句块
else:
    # 如果没有发生异常执行的代码
    语句块
finally:
    # 始终会执行的代码
    语句块
```

语句块分别说明如下。

try：包含可能会引发异常的代码。

except：捕获并处理特定异常。如果在 try 块中发生了指定的异常，程序将跳到 except 块执行。

else：如果在 try 块中没有发生异常，程序将执行 else 块中的代码。

finally：无论是否发生异常，finally 块中的代码都会被执行。通常用于清理资源。

3.4.3 捕获特定异常

在 Python 中，可以捕获特定的异常类型，从而进行有针对性的处理。例如：

```
try:
    x = 1 / 0
except ZeroDivisionError as e:
    print(f"捕获到异常: {e}")
```

上面的代码捕获了 ZeroDivisionError 异常，并输出相应的错误信息。常见的内置异常类型如下。

(1) Exception：所有异常的基类。

(2) AttributeError：尝试访问未知对象属性时引发的异常。例如：

```
obj = None
obj.some_attribute  # AttributeError: 'NoneType' object has no
attribute 'some_attribute'
```

(3) ImportError：导入模块失败时引发的异常。例如：

```
import non_existent_module  # ImportError: No module named
'non_existent_module'
```

(4) IndexError：尝试访问列表中不存在的索引时引发的异常。例如：

```
my_list = [1, 2, 3]
my_list[5]  # IndexError: list index out of range
```

(5) KeyError：尝试访问字典中不存在的键时引发的异常。例如：

```
my_dict = {'key': 'value'}
my_dict['non_existent_key']  # KeyError: 'non_existent_key'
```

(6) ValueError：传递给函数或操作的参数类型不正确但合法时引发的异常。例如：

```
int("abc")  # ValueError: invalid literal for int() with base 10: 'abc'
```

(7) TypeError：操作或函数应用于错误类型的对象时引发的异常。例如：

```
"2" + 2  # TypeError: can only concatenate str (not "int") to str
```

(8) ZeroDivisionError：除法或求模运算的第二个参数为零时引发的异常。例如：

```
1 / 0  # ZeroDivisionError: division by zero
```

(9) FileNotFoundError：尝试打开不存在的文件时引发的异常。例如：

```
open("non_existent_file.txt")  # FileNotFoundError: [Errno 2] No such
file or directory: 'non_existent_file.txt'
```

(10) IOError：输入/输出操作失败时引发的异常，通常和文件操作有关。例如：

```
open("/protected_path/file.txt", "w")  # IOError: [Errno 13]
Permission denied: '/protected_path/file.txt'
```

(11) RuntimeError：在不属于其他特定类别的错误发生时引发的异常。

(12) NameError：尝试访问未声明的变量时引发的异常。例如：

```
print(undeclared_variable)  # NameError: name 'undeclared_variable'
is not defined
```

(13) OverflowError：数值运算结果超出表示范围时引发的异常。例如：

```
import math
math.exp(1000)  # OverflowError: math range error
```

(14) IndentationError：代码缩进不正确时引发的异常。例如：

```
def foo():
print("Hello")  # IndentationError: expected an indented block
```

3.4.4　捕获多个异常

可以在一个 except 语句中同时捕获多个异常，通过将异常类型放在一个元组中。示例代码如下：

```
try:
    x = int(input("请输入一个整数: "))
    y = 1 / x
except (ValueError, ZeroDivisionError) as e:
    print(f"捕获到异常: {e}")
```

上面的代码同时捕获了 ValueError 和 ZeroDivisionError 两种异常。

3.4.5　异常链

在处理异常时，有时需要在捕获一个异常后引发另一个异常。这种情况下，可以使用异常链。示例代码如下：

```
try:
    x = int(input("请输入一个整数: "))
    y = 1 / x
except ZeroDivisionError as e:
    raise ValueError("输入的值不能为零") from e
```

上面的代码在捕获到 ZeroDivisionError 异常后，重新引发了一个 ValueError 异常，并保留了原始异常信息。

3.4.6　使用 else 和 finally

else 块在没有发生异常时执行，finally 块无论是否发生异常都会执行，通常用于清理工作。示例代码如下：

```
a=10
b=0
try:
    result = a / b
except ZeroDivisionError as e:
    print("Error: Division by zero is not allowed.")
    print("Exception message:", e)
else:
    print("Division was successful.")
    print("Result:", result)
finally:
    print("Execution of the finally block.")
```

上面的代码在执行时，如果除数为 0 会捕获 ZeroDivisionError 异常。如果没有发生异常，将执行 else 块中的代码，最后始终会执行 finally 块中的代码。

3.4.7 实战案例

下面是一个综合运用异常处理的示例，模拟一个简单的计算器程序，能够处理不同类型的异常。如输入错误、数学错误(不能除以 0)和未知错误，并在计算完毕后进行提示。代码如下：

```python
try:
    num1 = float(input("请输入第一个数字: "))
    num2 = float(input("请输入第二个数字: "))
    operation = input("请输入操作符(+、-、*、/): ")
    if operation == '+':
        result = num1 + num2
    elif operation == '-':
        result = num1 - num2
    elif operation == '*':
            result = num1 * num2
    elif operation == '/':
            result = num1 / num2
    else:
            raise ValueError("无效的操作符")
    print(f"结果是: {result}")
except ValueError as e:
    print(f"输入错误: {e}")
except ZeroDivisionError as e:
    print(f"数学错误: {e}")
except Exception as e:
    print(f"未知错误: {e}")
finally:
    print("计算完毕")
```

本 章 小 结

本章介绍了 Python 中的基本流程控制结构，包括顺序结构、选择结构、循环结构。讲解了程序的异常处理原理和方法。详细说明 if-else、for、while、try-except 等语句的语法和用法，以及代表性的实战案例。

课 后 习 题

一、选择题

1. for i in range(10) ... 中，循环终值是(　　)。

　　A. 9　　　　　　B. 10　　　　　　C. 11　　　　　　D. 都不对

2. 以下 Python 代码的输出结果是(　　)。

```python
x = 10
y = 5
while x > 5:
    if x % 2 == 0:
        x -= y
    else:
        x -= 2
print(x)
```

　　A. 0　　　　　　B. 5　　　　　　C. 8　　　　　　D. 3

3. 执行下列 Python 语句将产生的结果是(　　)。

```python
x = 2
y = 2.0
if(x==y):
    print ( "Equal")
else:
    print ( "Not Equal")
```

　　A. Equal　　　　B. Not Equal　　　C. 编译错误　　　D. 运行时错误

4. 下面的代码会输出(　　)。

```python
num = 5
if num in [1, 2, 3, 4]:
    print("小于 5")
else:
    print("大于等于 5")
```

　　A. 小于 5　　　　　　　　　　　B. 大于等于 5

　　C. 5　　　　　　　　　　　　　D. 出错

5. 以下代码的输出结果是(　　)。

```python
n = 10
result = 0
for i in range(1, n + 1):
    if i % 3 == 0 and i % 5 == 0:
        result += i * 2
```

```
    elif i % 3 == 0:
        result += i
    elif i % 5 == 0:
        result += i * 3
    else:
        result -= i
print(result)
```

A. 128   B. 103   C. 41   D. 65

6. 以下能正确计算 1~10 之间偶数之和(包括 10)的代码是(   )。

    A. `print(sum(i for i in range(2, 11, 2)))`

    B. `print(sum(range(2, 11, 2)))`

    C. `print(sum([i for i in range(1, 11) if i % 2 == 0]))`

    D. 以上选项都正确

7. (   )的情况下会引发 IndexError。

    A. 除以 0   B. 在列表中访问超出范围的索引

    C. 输入无效类型   D. 进行空的输入

8. 下面程序段求两个数 x 和 y 中的大数,(   )是不正确的。

    A. `maxNum= x if x>y else y`   B. `maxNum=max(x,y)`

    C. `if(x>y): maxNum=x`   D. `if(y>=x): maxNum=y`

           `else: maxNum=y`   `maxNum=x`

9. 下面代码的输出是(   )。

```
a = 10
while a > 0:
    print(a)
    a -= 1
```

    A. 0~10 的数字   B. 10~1 的数字

    C. 只输出 10   D. 输出出错

10. 观察以下 Python 代码,分析其输出结果是(   )。

```
n = 6
for i in range(1, n + 1):
    spaces = " " * (n - i)
    stars = "*" * (2 * i - 1)
    print(spaces + stars)
```

A.   `*`   B. `***********`
        `***`   `*********`
      `*****`   `*******`
    `*******`   `*****`
  `*********`   `***`
`***********`   `*`

C.　*
　　*** 　
　　***** 　
　　*******
　　*********
　　***********

D.　***********
　　*********
　　*******
　　*****
　　***
　　*

11. 以下代码中，内层循环 for j in range(i)执行的总次数是(　　)。

```
total = 0
for i in range(1, 6):
    for j in range(i):
        total += 1
print(total)
```

　　A. 10　　　　　　B. 15　　　　　　C. 20　　　　　　D. 25

12. 下面程序中语句 print(i*j)共执行了(　　)次。

```
for i in range(5):
    for j in range(2,5):
        print(i * j)
```

　　A. 15　　　　　　B. 14　　　　　　C. 20　　　　　　D. 12

13. 下面(　　)语句不能完成 1~10 的累加功能，total 初值为 0。

　　A. for i in range(1,11): total+=i

　　B. for i in range(10,0): total+=i

　　C. for i in range(10,0,-1): total+=i

　　D. a = [10,9,8,7,6,5,4,3,2,1]

　　　　for i in a:

　　　　　　total+=i

14. 以下代码运行后，当用户输入字母 "a" 时的输出结果是(　　)。

```
try:
    num = int(input("Enter a number: "))
    result = 5 / num
except ValueError:
    print("You did not enter a valid number.")
except ZeroDivisionError:
    print("You cannot divide by zero.")
```

　　A. You did not enter a valid number.

　　B. You cannot divide by zero.

　　C. 程序报错，因为没有处理其他可能的异常

　　D. 无输出

15. 在 Python 中，以下代码的输出结果是(　　　)。

```python
try:
    raise ValueError("Custom value error")
except Exception as e:
    print(type(e))
    try:
        raise KeyError("Custom key error")
    except KeyError as k:
        print(type(k))
        raise
```

  A. <class 'ValueError'> <class 'KeyError'> 程序终止并显示 KeyError 信息

  B. <class 'ValueError'> <class 'KeyError'> 程序继续执行，无错误抛出

  C. <class 'ValueError'> 程序终止并显示 ValueError 信息

  D. 程序报错，因为不能在异常处理块中再嵌套引发异常

二、填空题

1. Python 中的选择结构可以使用_____、else 和_____来实现多重分支。

2. 当异常发生时，可以使用 _____ 语句块来捕获异常。

3. 循环语句 for i in range(-3,21,4)的循环次数为 _____。

4. Python 语句 "for i in range(1,21,5): print(i, end=' ')" 的输出结果为 _____。

5. 在 if 语句中，通常使用_____来比较两个值的相等性。

6. 执行下列 Python 语句后的输出结果是_____，循环执行了_____次。

```python
i =-1;
while (i < 0) : i *= i
print(i)
```

7. 通过使用 _____，可以捕获所有类型的异常，但不建议滥用，因为它可能会隐藏程序的其他错误。

8. 下面程序运行后，倒数第二行打印出 _____。

```python
i=5
while i >= 1:
    num=1
    for j in range(1,i+1):
        print(num,end="xxx")
        num*=2
    print()
    i-=1
```

9. 下面程序运行后，最后一行有＿＿＿＿个"G"。

```
i=1
while i<=5:
    num=1
    for j in range(1,i+1):
        print(num,end="G")
        num+=2
    print()
    i+=1
```

10. 在 Python 中，以下代码如果用户输入"abc"，finall 块之前，会输出＿＿＿＿，引发的异常类型是＿＿＿＿。

```
try:
    num = int(input("Enter a number: "))
    result = 10 / num
except ValueError as e:
    print(f"Value error: {e}")
except ZeroDivisionError as e:
    print(f"Division by zero error: {e}")
else:
    print(f"The result is {result}")
finally:
    print("This block always executes.")
```

三、编程题

1. 编写一个程序，计算下列分段函数 $f(x)$的值。

$$y = f(x)\begin{cases} \dfrac{1}{x} & x \neq 0 \\ 0 & x = 0 \end{cases}$$

2. 编写一个程序，计算 $a+aa+aaa+aaaa+...+aa..aaa$($n$ 个由 a 组成的数字相加)，其中 a 是一个 1～9 的整数，n 也是一个正整数，由用户输入。

3. 编写一个 Python 程序，找出 100～200 之间所有的素数，并统计这些素数中个位数字为 3 的素数的数量及它们的和。

4. 编写一个程序，计算 $S=1-1/2+1/3-1/4+1/5+...+1/n$。$n$ 是一个正整数，由用户输入。

5. 编写一个程序，计算某城市普通出租车收费费用。具体标准如下：起步里程为 3 公里，起步费 10 元；超起步里程后 10 公里内，每公里 2 元；超过 10 公里以上的部分加收 50%的回空补贴费，即每公里 3 元；在营运过程中，因路上堵车及乘客要求临时停车的，按每 5 分钟 2 元计收(不足 5 分钟则不收费)。

6. 编写一个程序，输入三角形三条边，先判断是否可以构成三角形，如果可以，则进一步求三角形的周长和面积,否则报错: "无法构成三角形!"。

7. 皮球从某给定高度 h 自由落下,触地后反弹到原高度的一半,再落下,再反弹……,如此反复。那么,当皮球在第 8 次落地时,在空中一共经过多少距离?第 8 次反弹的高度是多少?

8. 编写一个简单的猜数字游戏,程序随机生成一个 $1\sim100$ 之间的数字,用户尝试猜测,提供相应的提示,直到猜对为止。

9. 编写程序,输入一元二次方程的三个系数 a、b 和 c,求 $ax^2+bx+c=0$ 方程的解。提示:

(1) $a=0$ 且 $b=0$,无解。

(2) $a=0$ 且 $b!=0$,有一个实根:$x=-\dfrac{c}{b}$。

(3) $b^2-4ac=0$,有两个相等实根:$x_1=x_2=-\dfrac{b}{2a}$。

(4) $b^2-4ac>0$,有两个不等实根:$x_1=-\dfrac{b}{2a}+\dfrac{\sqrt{b^2-4ac}}{2a}$,$x_2=-\dfrac{b}{2a}-\dfrac{\sqrt{b^2-4ac}}{2a}$。

(5) $b^2-4ac<0$,无实根。

10. 有 30 人围成一圈,从 $1\sim30$ 依次编号,每个人开始报数,报到 9 的自动离开,当有人离开时,后一个人开始重新从 1 报数,以此类推。求离开的前 10 人的编号。

11. 猴子吃桃问题:猴子第一天将一堆桃子吃了一半,还不过瘾,又多吃了一个。第二天又将第一天剩下的桃子吃掉一半,又多吃了一个。以后每天都吃了前一天剩下的一半零一个。到第 10 天发现只剩下一个桃子。求这堆桃子原来有多少个?

12. 分鱼求和问题。A、B、C、D、E 这 5 个人一起夜间捕鱼,凌晨时都已经疲惫不堪,于是各自在河边的树丛中找地方睡着了。第二天日上三竿时,A 第一个醒来,他将鱼平分为 5 份,把多余的一条扔回河中,然后拿着自己的一份回家去了;B 第二个醒来,但不知道 A 已经拿走了一份鱼,于是他将剩下的鱼平分为 5 份,扔掉多余的一条,然后只拿走自己的一份;接着 C、D、E 依次醒来,也都按同样的办法分鱼。问这 5 个人一起至少捕到多少条鱼?

微课视频

扫一扫,获取本章相关微课视频。

| 3.1 顺序结构 | 3.2 分支结构
(选择结构) | 3.3 循环结构 | 3.4 程序的异常处理 |

第 4 章

Python 组合数据类型

【学习目标】

- 掌握字符串、列表、元组、集合和字典等数据类型的基本特点和常用函数方法。
- 了解字符串、列表、元组、集合和字典等数据类型相互转化的方法。
- 掌握列表表达式中的列表推导式和生成器表达式。

4.1 序列型数据类型

序列是数据容器的统称，是一种数据结构，用于存储一组有序的元素。每个数据被分配了一个序号，通过序号可以访问其中的每个数据。这个序号叫作索引或下标，序列中的第一个索引是 0，第二个索引是 1，以此类推。

Python 包含 6 种内建的序列，包括字符串、列表、元组、Unicode 字符串、buffer 对象和 range 对象。

4.1.1 字符串

字符串就是引号内的一切东西，也称为文本，文本和数字是截然不同的。

直接数字相加结果，示例如下：

```
>>> 5 + 8  # >>>表示是基于 IDLE 进行直接编写
13
```

但是如果在数字的两边加上引号，就变成字符串的拼接。而这正是由引号带来的差别。例如：

```
>>> '5' + '8'
'58'
```

在使用字符串的时候，需要注意以下几点。

(1) Python 不区分单引号或双引号，但不能一边用单引号，一边用双引号。

(2) 在字符串的内容里不能嵌套相同类型的引号，可以使用转义符号(\)对字符串的引号进行转义，或者嵌套不同类型的引号。

(3) 针对跨越多行的字符串，可以使用三重引号("""内容""")解决需要输入大量换行符的问题。

(4) 编程中使用的所有标点符号都是英文的。

(5) 可以使用切片或者拼接的方式对字符串进行修改。

通过拼接得到新字符串，并不是真正意义上的修改原字符串。原来的字符串其实还在，只不过是将变量名指向拼接后的新字符串。原来的字符串一旦失去了变量的引用，就会被 Python 的垃圾回收机制释放。字符串常用的函数和方法记录如 4-1 中所示。

表 4-1　字符串常用方法

函　数	说　明
casefold()	将字符串中所有的英文字母修改为小写
count(sub[,start[,end]])	查找 sub 参数在字符串中出现的次数，可选参数 start 和 end 表示查找的范围
find(sub[,start[,end]])	查找 sub 参数在字符串中第一次出现的位置
replace(old,new[,count])	将字符串中的 old 参数指定的字符串替换成 new 参数指定的字符串
split()	用于拆分字符串
join()	用于拼接字符串

1. casefold()方法

casefold()方法用于将字符串中所有的英文字母修改为小写。相比于 lower()方法，casefold()方法能将非 ASCII 字符转化成小写。upper()方法与 lower()方法恰恰相反，能将 ASCII 字符中的大写字母转换成小写字母。示例代码如下：

```
str1 = 'SHU'
print(str1.casefold())

str2 = str1.lower()
print(str2)
print(str2.upper())

str3 = 'β'
print(str3.lower())
print(str3.casefold())
```

输出结果如下：

```
shu
shu
SHU
β
ss
```

2. count()方法

count(sub[,start[,end]])方法用于查找 sub 参数在字符串中出现的次数，可选参数 start 和 end 表示查找的范围。例如：

```
str2 = '上海自来水来自海上'
print(str2.count('上'))
print(str2.count('上',0,5))
```

输出结果如下：

```
2
1
```

3. find()或 index()方法

find(sub[,start[,end]])或 index(sub[,start[,end]])方法用于查找 sub 参数在字符串中第一次出现的位置，如果找到了，返回索引值；如果找不到，find()方法会返回-1，而 index()方法会抛出异常。

4. replace()方法

replace(old, new[,count])方法用于将字符串中的 old 参数指定的字符串替换成 new 参数指定的字符串。例如：

```
str4 = 'I love Shu'
print(str4.replace('Shu', 'Shanghai'))
```

输出结果如下：

```
I love Shanghai
```

5. split()方法

split(sep=None, maxsplit=-1)方法用于拆分字符串。sep 表示分隔符，默认 None 表示空格，maxsplit 最大分隔符，默认-1 全部分隔。例如：

```
str5 = '我爱上海/我爱上海大学/我爱计算机学院'
print(str5.split(sep='/'))
```

输出结果如下：

```
['我爱上海', '我爱上海大学', '我爱计算机学院']
```

6. join()方法

join(iterable)方法用于拼接字符串。例如：

```
speak = ['我爱上海', '我爱上海大学', '我爱计算机学院']
print(''/''.join(speak))
```

输出结果如下：

```
我爱上海/我爱上海大学/我爱计算机学院
```

注意：程序员更愿意使用 join()方法替代加号(+)来拼接字符串。这是因为使用加号(+)去拼接大量的字符串，效率相对比较低，这种操作会频繁进行内存复制和触发垃圾回收机制。

4.1.2　列表

列表(List)可以同时存放不同类型的变量。创建一个列表非常简单，只需要使用中括号将数据括起(数据之间用逗号分隔)就可以了。示例代码如下：

```
number = [1,2,3,4,5]
print(type(number))
for each in number:  # 使用 for 循环遍历列表 number
    print(each)
```

输出结果如下：

```
<class 'list'>
1
2
3
4
5
```

注意：type()函数用于返回指定参数的类型，list 即列表的意思。列表常用的函数及说明如表 4-2 所示。

表 4-2　列表常用的函数及说明

函　数	说　明
append()	添加单个元素到列表末尾
extend()	添加多个元素到列表末尾
insert()	将数据插到指定的位置
len()	获取列表的长度
remove()	从列表中删除指定的元素
pop()	列表中的指定元素"弹"出来，并返回该值
slice()	从列表中取出一些元素
join()	将列表中所有的元素合并为一个新的字符串
list()	直接将字符串转化为列表
split()	对字符串进行切片，返回列表
eval()	执行一个字符串表达式，并返回表达式的值，如果是表达式，则对表达式进行计算，返回计算后的值
max()	返回列表中最大的那个值，当列表内的元素类型不一致时，会引发 TypeError 错误
min()	返回列表中最小的那个值，当列表内的元素类型不一致时，会引发 TypeError 错误
sum()	返回列表中所有元素数值的总和，当列表内的元素类型不一致时，会引发 TypeError 错误

1. 向列表添加元素

列表是动态的,可以使用 append()方法向列表中添加任意类型元素。示例代码如下:

```
number = [1,2,3,4,5]
number.append(6)
print(number)
```

输出结果如下:

```
[1,2,3,4,5,6]
```

可以看到数字 6 被添加到列表 number 的末尾。可以使用 extend()方法在列表末尾添加多个元素。示例代码如下:

```
number.extend([8,9])
print(number)
number.extend([4, 'a', (5, 6), {'key': 'value'}])
print(number)
```

输出结果如下:

```
[1,2,3,4,5,6,8,9]
[1,2,3,4,5,6,8,9, 4, 'a', (5, 6), {'key': 'value'}]
```

值得注意的是,extend()事实上是使用一个列表来扩充另一个列表,所以它的参数是一个列表。

无论 append()还是 extend()方法,都是往列表的末尾添加数据,那么是否可以将数据插到指定的位置呢?这就需要使用 insert()方法。它有两个参数,第一个参数是指定待插入的位置(索引值),第二个参数是待插入的元素值。

下面的代码将数字 0 插入 number 列表的最前面。

```
number = [1,2,3,4,5,6,8,9]
number.insert(0,0)
print(number)

number.insert(9,[1,2])   # 不同类型的列表元素插入
print(number)
number.insert(7, '7')
print(number)
```

输出结果如下:

```
[0,1,2,3,4,5,6,8,9]
[0,1,2,3,4,5,6,8,9, [1,2]]
[0,1,2,3,4,5,6, '7',8,9, [1,2]]
```

insert()方法中代表位置的第一个参数支持负数,表示与列表末尾的相对位置。

```
number.insert(-1,8.5)
print(number)
```

输出结果如下：

```
[0,1,2,3,4,5,6,8,8.5,9]   #-1 表示相对于队尾 9 而言的前一位插入 8.5，即 9 后移一位
```

2. 从列表中获取元素

通过索引值可以直接获取列表中的某个元素，len()函数可以获取列表的实际长度，借助 len()函数的数值减 1，获得列表最后一个元素的索引值。另外，可以省去 len()函数，直接使用负的索引值，表示从列表的末尾反向索引。示例代码如下：

```
love = ['我爱上海', '我爱上海大学', '我爱计算机学院']

print(love[0])
print(love[2])
print(love[len(love)-1])
print(love[-1])
```

输出结果如下：

```
我爱上海
我爱计算机学院
我爱计算机学院
我爱计算机学院
```

列表里不仅可以有整数、字符串、浮点型数据，还可以包含另一个列表，如果要获取内部子列表的某个元素，就需要使用两次索引。示例代码如下：

```
love = ['我爱上海',[ '我爱上海大学', '我爱上大附中'], '我爱计算机学院']
print(love[1][1])
```

输出结果如下：

```
我爱上大附中
```

二维列表可以被看作是列表的列表，每个子列表代表矩阵中的一行。二维列表通常用于表示表格数据或矩阵。访问多维列表中子列表的某个元素，需要嵌套下标。比如下面的示例中 matrix[1]的值为[4,5,6]，matrix[1][2]的值为 6。想要遍历多维列表需要通过嵌套循环的方式，二维列表需要两层循环，三维列表需要三层循环，以此类推。示例代码如下：

```
# 创建一个二维列表
matrix = [
    [1, 2, 3],
    [4, 5, 6],
    [7, 8, 9]
]
# 访问二维列表中的元素
```

```
print("第一行第二个元素:", matrix[0][1])  # 输出 2
# 修改二维列表中的元素
matrix[1][2] = 10
print("修改后的矩阵:")
for row in matrix:
    print(row)


# 遍历二维列表
print("遍历矩阵的元素:")
for row in matrix:
    for element in row:
        print(element, end=' ')
print()
```

输出结果如下:

```
第一行第二个元素: 2
修改后的矩阵:
[1, 2, 3]
[4, 5, 10]
[7, 8, 9]
遍历矩阵的元素:
1 2 3
4 5 10
7 8 9
```

三维列表是一个列表,其中的每个元素又是一个二维列表。三维列表通常用于表示三维空间中的数据或多层次的矩阵。示例代码如下:

```
# 创建一个三维列表
tensor = [
    [
        [1, 2, 3],
        [4, 5, 6],
        [7, 8, 9]
    ],
    [
        [10, 11, 12],
        [13, 14, 15],
        [16, 17, 18]
    ],
    [
        [19, 20, 21],
        [22, 23, 24],
        [25, 26, 27]
    ]
]
```

```
# 访问三维列表中的元素
print("第二个二维矩阵第三行第一个元素:", tensor[1][2][0])  # 输出 16

# 修改三维列表中的元素
tensor[2][0][1] = 30
print("修改后的三维列表:")
for matrix in tensor:
    for row in matrix:
        print(row)
    print()

# 遍历三维列表
print("遍历三维列表的元素:")
for matrix in tensor:
    for row in matrix:
        for element in row:
            print(element, end=' ')
        print()
    print()
```

输出结果如下：

```
第二个二维矩阵第三行第一个元素: 16
修改后的三维列表:
[1, 2, 3]
[4, 5, 6]
[7, 8, 9]

[10, 11, 12]
[13, 14, 15]
[16, 17, 18]

[19, 30, 21]
[22, 23, 24]
[25, 26, 27]

遍历三维列表的元素:
1 2 3
4 5 6
7 8 9

10 11 12
13 14 15
16 17 18

19 30 21
```

```
22 23 24
25 26 27
```

3. 从列表中删除元素

从列表中删除元素，可以用三种方法实现：remove()、pop()和 del。remove()方法需要指定一个待删除的元素，不需要知道元素在列表中的具体位置。如果有多个相同元素，只会删除最先找到的那个。示例代码如下：

```
love = ['我爱上海',[ '我爱上海大学', '我爱上大附中'], '我爱计算机学院']
love.remove('我爱上海')
print(love)
```

输出结果如下：

```
[['我爱上海大学', '我爱上大附中'], '我爱计算机学院']
```

pop()方法是列表中的指定元素"弹"出来，也就是取出并删除该元素。它的参数是一个索引值。若无索引值，则删除列表中最后一个元素。示例代码如下：

```
love = ['我爱上海', ['我爱上海大学', '我爱上大附中'], '我爱计算机学院']
print(love.pop(1))
print(love)


love = ['我爱上海',[ '我爱上海大学', '我爱上大附中'], '我爱计算机学院']
print(love[1].pop(1))   # love[1]表示 love 的第二个子列表
       # pop(1)表示将 love[1]中的下标为 1 的元素取出并删除
print(love)
```

输出结果如下：

```
['我爱上海大学', '我爱上大附中']
['我爱上海', '我爱计算机学院']
我爱上大附中
['我爱上海',[ '我爱上海大学'], '我爱计算机学院']
```

在 Python 中 del 语句的用法非常丰富，不仅可以用来删除列表中的某个元素，还可以直接删除整个变量。示例代码如下：

```
del love[0]
print(love)
del love
print(love)
```

输出结果如下：

```
[['我爱上海大学'], '我爱计算机学院']
Traceback (most recent call last):
  File <FileName>, line 10, in <module>
```

```
    print(love)
        ^^^^
NameError: name 'love' is not defined
```

4. 列表切片

使用列表切片可以从列表中取出部分元素。只需要使用冒号隔开两个索引值，左边索引值是开始位置，右边是结束位置。注意，右边位置上的元素是不包含的。如果省略开始位置，Python 会从 0 这个位置开始；省略结束位置，就是一直到末尾；如果两者都被省略，Python 将返回整个列表的浅复制。示例代码如下：

```
list1 = ['我', '你', '他', '她', '它']
list2 = list1[2:5]
list3 = list1[:5]
list4 = list1[2:]
list5 = list1[:]

print(list2)
print(list3)
print(list4)
print(list5)
```

输出结果如下：

```
['他', '她', '它']
['我', '你', '他', '她', '它']
['他', '她', '它']
['我', '你', '他', '她', '它']
```

注意：列表切片不会修改列表自身的组成结构和数据，它其实是为列表创建一个副本并返回。

5. 列表转化

列表转换成字符串的函数方法如下。

- str()：将对象转化为字符串的形式。
- string.join(seq)：以 string 作为分隔符，将 seq 中所有的元素(的字符串表示)合并为一个新的字符串。
- len()和 range()：获取列表长度和产生整数列表。

示例代码如下：

```
#列表转化为字符串
list2 = ['hello', ', ', 'world', '! ']
list3 = ['hello',1, 'world',2]

#情况一，列表每个元素必须均为字符串类型
```

```
print(' '.join(list2))   #string.join(seq)方法作用：以 string 为分隔符，将 seq
中所有的元素合并为一个新的字符串

#情况二
print(str(list2))   #将 list2 直接转化为字符串。简单地说，直接在列表的首尾加上引号，
并非对其中的每个元素进行字符串的转化

#情况三
for it in range(len(list3)):   #让列表内元素变为字符串，遍历并逐个调用 str()函数
    list3[it] = str(list3[it])
print(list3)
```

输出结果如下：

```
hello , world !
['hello', ',', 'world', '!']
['hello', '1', 'world', '2']
```

字符串转化为列表的函数方法如下。

- list()：将字符串直接转化为列表。

- string.split()：以 string 为分隔符，对字符串进行切片，返回列表。

- eval()：执行一个字符串表达式，并返回表达式的值。

示例代码如下：

```
#字符串转化为列表
str1 = '123456'
str2 = '1,2,3,4,5,6'
str3 = '1 2 3 4 5 6'
str4 = '[1,2,3,4,5,6]'
str5 = '[1+2,3+4,5,6]'   #  如果是表达式，则对表达式进行计算，返回计算后的值

#情况一
print(list(str1))   #直接转化，转化字符串中每一个字符为单独一个元素
print(list(str2))   #直接转化，转化字符串中每一个字符为单独一个元素
print(list(str3))   #直接转化，转化字符串中每一个字符为单独一个元素
print()

#情况二
#.split()方法作用:以 str 为分隔符切片 string
print(str2.split())   #直接将整个字符串作为列表中的一个元素
print(str2.split(', '))   #逗号为分隔符，转化除逗号之外的字符为单独一个元素
print(str3.split(' '))   #空格为分隔符，转化除空格之外的字符为单独一个元素
print()

#情况三
print(eval(str4))   #将字符串视为语句，直接把首尾的引号去掉，就得到了列表
print(eval(str5))
```

输出结果如下：

```
['1', '2', '3', '4', '5', '6']
['1', ',', '2', ',', '3', ',', '4', ',', '5', ',', '6']
['1', ' ', '2', ' ', '3', ' ', '4', ' ', '5', ' ', '6']

['1,2,3,4,5,6']
['1', '2', '3', '4', '5', '6']
['1', '2', '3', '4', '5', '6']

[1, 2, 3, 4, 5, 6]
[3,7,5,6]                  #   将表达式进行计算，输出结果的列表而非表达式的列表
```

4.1.3　元组

元组(Tuple)和列表的最大区别是：元组只可读，不可写。可以任意修改(插入/删除)列表中的元素，而对于元组来说这些操作是不行的，元组只可以被访问，不能被修改。

1. 创建和访问一个元组

使用小括号创建元组，示例代码如下：

```
tuple1 = (1,2,3,4,5,6,7,8)
print(type(tuple1))
```

输出结果如下：

```
<class 'tuple'>
```

访问元组的方式与列表无异，也是通过索引值访问一个或多个(切片)元素，并且复制一个元组，通常使用切片来实现。

```
tuple1 = (1,2,3,4,5,6,7,8)
print(tuple1[1])
print(tuple[5:])
print(tuple[:5])

tuple2 = tuple[:]
print(tuple2)
```

输出结果如下：

```
2
(6,7,8)
(1,2,3,4,5)
(1,2,3,4,5,6,7,8)
```

2. 更新和删除元素

虽然元组中的元素不允许被修改，但并不妨碍人们创建一个新的同名元组，利用切片和拼接实现更新元组的目的，示例代码如下：

```
tuple1 = (1,2,3,4,5,6,7,8)
tuple1 = (tuple1[0], '10') + tuple1[2:]
print(tuple1)
```

输出结果如下：

```
(1, '10', 3,4,5,6,7,8)
```

3. 元组转化

元组和列表可以相互转化，因此，如果想要将元组转化为其他数据类型，只需将元组转化为列表，然后从列表转化为其他数据类型即可。同理，其他数据类型转化为元组，要先转化为列表，再从列表转化为元组，示例代码如下：

```
tuple2 = (23333, 'hello',[1,2,3], 'God') #元组转化为列表
print(list(tuple2))

list1 = [23333, 'hello',[1,2,3], 'God'] #列表转化为元组
print(tuple(list1))
```

输出结果如下：

```
[23333, 'hello', [1, 2, 3], 'God']
(23333, 'hello', [1, 2, 3], 'God')
```

元组常用的函数和方法记录在表 4-3 中。

表 4-3　元组常用方法

函　　数	说　　明
count()	计算某元素出现的次数
index()	计算某元素出现的下标
list()	直接将元组转化为列表
tuple()	直接将列表转化为元组

4.2　集合型数据类型

集合(Set)是一种存储不重复元素的无序数据集合。与数学中集合的概念相似，可以由不同类型的元素组成。

列表用方括号([])表示，元组用圆括号(())表示，而集合用花括号({})表示，其中同样包含逗号分隔的元素。集合中的元素没有顺序，所以无法通过数字下标进行索引，同时集合中的元素不能重复，且元素必须是可哈希(也称散列)的，也就是必须是不可变数据类型，例如数值、字符串以及元组。

集合和列表有一些相同的地方：都由一系列的元素组成，可以动态地向里面增加新的元素，或是删除元素。

4.2.1 创建集合

下面介绍两种创建集合的方法和注意事项。

1. 使用花括号({ })创建集合

使用一对花括号(({}))来创建一个非空集合对象，每个元素用逗号分隔。例如：

```
my_set = {1, 2, 3, 4, 5}
```

如果要创建一个空集合，只能使用 set()函数，因为空的大括号{}用来创建一个空字典。

2. 使用内置的 set()函数创建集合

使用内置的 set()函数来创建一个集合对象，它可以将一个可迭代对象(如列表、元组和字符串等)作为参数传递给 set()函数，会返回一个包含唯一元素的集合。即 set()可以把字符串、列表或元组转换成集合。例如：

```
my_set = set([1, 2, 3, 4, 5])  # 此时 my_set 的值为{1,2,3,4,5}
```

集合与列表最大的不同就是集合中不会出现重复的元素，因此在创建集合时所给出的参数中有重复的会在创建时自动去重。示例代码如下。

```python
# 使用花括号创建集合
my_set1 = {1, 2, 3, 4, 5}
print(my_set1)  # 输出: {1, 2, 3, 4, 5}

# 使用内置的 set()函数创建集合
my_set2 = set([1, 2, 3, 4, 5])
print(my_set2)  # 输出: {1, 2, 3, 4, 5}

# 创建包含重复元素的集合
my_set3 = {1, 2, 2, 3, 3, 3}
print(my_set3)  # 输出: {1, 2, 3}，重复的元素被去重

# 创建包含不同类型元素的集合
my_set4 = {1, 'hello', (1, 2, 3)}
```

```
print(my_set4)  # 输出: {1, 'hello', (1, 2, 3)}

# 创建 200 以内的偶数集合
my_set5 = set([x * 2 for x in range(1,100)])
print(my_set4)  # 输出: {2,4,6,8,10, 12, …,198}

# 列表转化为集合
list2 = ['hello', ', ', 'world', '!']
list3 = ['hello', 'hello', 'hello', ', ', 'world', '!']
print(set(list2))  # 输出: {'hello', ',', 'world', '!'}
print(set(list3))  # 可以去重, 输出: {'hello', ',', 'world', '!'}

# 集合转化为列表
str1 = '123456'
set1 = set(str1)
print(list(set1))  # 输出: ['5', '2', '1', '6', '4', '3']
```

4.2.2 集合元素的访问与操作

集合可以使用 add()和 remove()等函数添加和删除元素，也可以使用 min()、len()、clear()函数对集合进行操作。表 4-4 中给出集合元素的访问与操作的函数，以集合 {1,2,3,4,5,6,7,8,9}为例。

表 4-4　集合元素的访问与操作

函　数	示　例	结　果	说　明
len()	len(set)	9	返回集合中元素的数量
min()	min(set)	1	返回集合中最小的元素
max()	max(set)	9	返回集合中最大的元素
sum()	sum(set)	45	返回集合中元素累加的值
add()	set.add(10)	{1,2,3,4,5, 6,7,8,9,10}	将元素 10 加入集合
remove()	set.remove(1)	{2,3,4,5, 6,7,8,9}	将元素 1 从集合中删除，1 不存在则报错
discard()	set.discard(1)	{2,3,4,5, 6,7,8,9}	将元素 1 从集合中删除，1 不存在不会报错
update()	set.update({10})	{1,2,3,4,5, 6,7,8,9,10}	将集合 {10}更新旧集合
clear()	set.clear()	相当于 set()	清除集合中的元素
pop()	set.pop()	5	将集合中的任意元素删除并返回

又比如，使用 remove()函数删除不存在的元素时会引发异常。示例代码如下：

```
my_set = {1, 2, 3}
my_set.add(4)
print(my_set)  # 输出: {1, 2, 3, 4}
my_set.add(2)
print(my_set)  # 输出: {1, 2, 3, 4} (2 已经存在)

my_set = {1, 2, 3}
my_set.remove(2)
print(my_set)  # 输出: {1, 3}
# my_set.remove(4)  # 这行代码会引发 KeyError

my_set.discard(3)
print(my_set)  # 输出: {1}
my_set.discard(4)  # 不会引发错误

my_set = {1, 2, 3}
my_set.clear()
print(my_set)  # 输出: set()
```

4.2.3　集合运算

集合支持常见的集合操作，比如并集、交集、差集和对称差集。这些运算既可以用集合的函数进行，又可以通过运算符进行。表 4-5 给出集合的六种运算的方式，以 s1={2,3,5,7,11}、s2={2,3,4,5,6,7}为例。

表 4-5　集合运算

运算	函　数	运算符	示　例	结　果	说　明
并集	union()	|	s1.union(s2)	{2,3,4,5,6,7,11}	包含所有元素的新集合
交集	intersection()	&	s1 & s2	{2,3,5,7}	只包含两个集合中都有的元素的新集合
差集	difference()	-	s1 - s2	{11}	只包含在 s1 中，不在 s2 中的元素的新集合
对称差集	symmetric_difference()	^	s1 ^ s2	{4,6,11}	只包含只在 s1 或 s2 中的元素的新集合
包含		in	4 in s1	False	4 不在 s1
不含		not in	4 not in s1	True	4 不在 s1

示例代码如下：

```
set1 = {1, 2, 3}
set2 = {3, 4, 5}
```

```
# 并集
print(set1.union(set2))
print(set1 | set2)

# 交集
print(set1.intersection(set2))
print(set1 & set2)

# 差集
print(set1.difference(set2))
print(set1 - set2)

# 对称差集
print(set1.symmetric_difference(set2))
print(set1 ^ set2)
```

输出结果如下：

```
{1, 2, 3, 4, 5}
{1, 2, 3, 4, 5}
{3}
{3}
{1, 2}
{1, 2}
{1, 2, 4, 5}
{1, 2, 4, 5}
```

集合可以转化成字符串和列表，字符串和列表也能转化成集合。示例代码如下：

```
str1 = '123456'  # 集合转化为列表
set1 = set(str1)
print(list(set1))

list2 = ['hello', ', ', 'world', '!'] # 列表转化为集合
list3 = ['hello', 'hello', 'hello', ',', 'world', '!']
print(set(list2))
print(set(list3))    # 可以去重

str1 = '123456'      # 集合转化为字符串
set1 = set(str1)
print(str(set1))     # 将 set1 直接转化为字符串，直接在集合的首尾加上引号

str1 = '123456'      # 字符串转化为集合
str2 = '11123456'
str6 = '{1,2,3,4,5,6}'
```

```
#情况一
print(set(str1))
print(set(str2))    # 可以去重

#情况二
print(eval(str6))   #  将字符串视为语句，直接把首尾的引号去掉，就得到了集合
```

输出结果如下：

```
['5', '2', '1', '6', '4', '3']
{'hello', ',', 'world', '!'}
{'hello', ',', 'world', '!'}
{'5', '2', '1', '6', '4', '3'}
{'1', '3', '6', '2', '5', '4'}
{'1', '3', '6', '2', '5', '4'}
{1, 2, 3, 4, 5, 6}
```

4.3　映射型数据类型——字典

列表和元组以连续整数作为索引有序地将数据组合起来，通过 0, 1, 2,… 可以访问其中的元素。在某些应用场景，例如记录一位学生的成绩单，需要同时记录科目与分数，并且科目与分数之间应一一对应，假设成绩单如表 4-6 所示。

表 4-6　学生成绩单

科目	高等数学	大学英语	Python 程序设计	形势与政策
分数	84	87	90	90

若使用单一的列表或者元组，可能无法清晰地将这些数据组合起来。而字典(dictionary)数据类型就很适合用来处理这类数据。字典是一种映射型数据类型，由若干组键值对(key-value pair)组成，一个键(key)映射一个值(value)，一组键值对作为字典的一个元素(item)。

表 4-6 所示的成绩单可以用{'高等数学': 84, '大学英语': 87, 'Python 程序设计': 90, '形势与政策': 90}来表示。其中，'高等数学'就是一个键，84 就是对应的值。键与值之间通过冒号(:)分隔形成一组键值对，用花括号({})将通过逗号(,)分隔开的键值对括起来表示一个字典。

4.3.1　创建字典

将一个字典赋值给一个变量即可创建一个字典变量。示例代码如下：

```
students = {23123434: '张三', 23123435: '李四'}
schedule = {(8, 10): ['高', '等', '数', '学'], (10, 12): ['大', '学', '英', '语']}
print(schedule)
print(type(schedule))
empty = {}          # 创建空字典
```

输出结果如下：

```
{(8, 10): ['高', '等', '数', '学'], (10, 12): ['大', '学', '英', '语']}
< class 'dict' >
```

注意：一个字典中键是唯一的，键必须是不可变数据类型，例如字符串、数字、元组等。一个字典中可以有相同的值，值可以是任何数据类型，除了前述的不可变数据类型外，还包括列表、集合等。

使用 Python 内置函数 dict()也可以创建字典。dict()函数可接受一个参数，该参数为嵌套元组(或列表)，一个内层元组(或列表)由一组键和值组成。示例代码如下：

```
students = dict(((23123434, '张三'), (23123435, '李四')))
print(students)
empty = dict()        # 创建空字典
print(empty)
```

输出结果如下：

```
{23123434: '张三', 23123435: '李四'}
{}
```

函数 dict()还可以通过关键字的形式创建字典，但键的命名要符合标识符的要求，创建的键只能为字符串类型。例如：

```
d1 = dict(a=1, b=2)
```

输出结果如下：

```
{'a': 1, 'b':2}
```

字典与集合相同，是一种无序的数据类型，Python 解释器会将元素顺序不同的两个字典视作相同的字典。例如：

```
print({23123434: '张三', 23123435: '李四'} == {23123435: '李四', 23123434: '张三'})
```

输出结果如下：

```
True
```

4.3.2　字典的基本运算

1. 访问字典元素的值

要得到字典中某个元素的值，可直接使用方括号运算符([])，在[]加上该元素的键即可。即用 dict[key]的形式访问键对应的值，如果键不存在于字典中，会引发 KeyError。示例代码如下：

```
dict = {'name': 'earth', 'port': 80}
print(dict['name'])
print(dict['port'])
print(dict['a'])
```

输出结果如下：

```
earth
80
Traceback (most recent call last):
  File "<FileName>", line 4, in <module>
    dict['a']
KeyError: 'a'
```

若要检查字典中是否存在某个键，可以使用关键字 in。例如：

```
dict = {'name': 'earth', 'port': 80}
print('name' in dict)
```

输出结果如下：

```
True
```

2. 增删改字典元素

对于一个字典变量，可以增加、删除、修改字典中的元素(键值对)。示例代码如下：

```
dict = {'name': 'earth', 'port': 80}
dict['age'] = 46          # 添加键为'age'，值为 46 的键值对
print(dict)
dict['name'] = 'moon'     # 修改键'name'对应的值为'moon'
print(dict)
del dict['port']          # 删除键为'port'的键值对
print(dict)
```

输出结果如下：

```
{'name': 'earth', 'port': 80, 'age': 46}
{'name': 'moon', 'port': 80, 'age': 46}
{'name': 'moon', 'age': 46}
```

3. 遍历字典

利用 for 循环可以遍历整个字典的键，得到键就可利用键访问对应的值，最终得到遍历字典元素的效果。例如：

```
student = {'name': 'David', 'age': 18, 'gender': 'male'}
for key in student:
    print('%s: %s'%(key,student[key]))
```

输出结果如下：

```
name: David
age: 18
gender: male
```

4. 字典大小

通过函数 len() 可以获得一个字典内的键值对个数。例如：

```
student = {'name': 'David', 'age': 18, 'gender': 'male'}
print(len(student))
```

输出结果如下：

```
3
```

5. 字典合并

通过**可以将字典解包，将两个解包后的字典用一对花括号括起，就能将两个字典合并为一个。例如：

```
students1 = {23123434: '张三', 23123435: '李四'}
students2 = {23123435: '王五', 23123436: '赵六'}
print({**students1, **students2})
```

输出结果如下：

```
{23123434: '张三', 23123435: '王五', 23123436: '赵六'}
```

如果两个字典有相同的键，则用后一个字典的元素覆盖前一个字典的元素，即用 23123435 : '王五' 覆盖 23123435 : '李四'。

4.3.3 字典的操作

Python 为字典实例对象提供了一系列的内置方法以更便利地操作字典，字典常见的方法如表 4-7 所示。

表 4-7　字典的常用方法

函　　数	说　　明
dict.keys()	返回包含字典中所有键的对象
dict.values()	返回包含字典中所有值的对象
dict.items()	返回包含字典中所有元素的对象
dict.clear()	删除字典中的所有项，无返回值
dict.copy()	返回字典的浅复制副本
dict.get(key,default=None)	返回字典中 key 对应的值，若 key 不存在，则返回 default
dict.pop(key[,default])	删除字典中 key 所在的元素并返回 key 对应的值，若 key 不存在，则返回 default，若未给 default 传递参数，则引发 KeyError 异常
dict.update(adict)	将字典 adict 的元素添加到 dict 中

1. 返回字典所有的键、值和元素

dict.keys()、dict.values()和 dict.items()三个方法分别返回字典实例对象中的所有键、值和元素的对象。示例代码如下：

```
student = {'name': 'Alice', 'age': 18, 'gender': 'female'}
print(student.keys())
print(student.values())
print(student.items())
```

输出结果如下：

```
dict_keys(['name', 'age', 'gender'])
dict_values(['Alice', 18, 'female'])
dict_items([('name', 'Alice'), ('age', 18), ('gender', 'female')])
```

通过 dict.items()，可以直接以键值对的方式遍历字典。例如：

```
for key, value in student.items():
    print('%s: %s'%(key, value))
```

输出结果如下：

```
name: Alice
age: 18
gender: female
```

2. 字典清空

用 dict.clear()方法可以清空字典实例对象中的所有元素。示例代码如下：

```
student = {'name': 'Alice', 'age': 18, 'gender': 'female'}
student.clear()
```

```
print(student)
{}
```

3. 字典的浅复制和深复制

浅复制(copy)和深复制(deepcopy)是两种不同的对象复制方式，主要区别在于复制的深度及对嵌套对象的处理方式不同。字典的浅复制通过 dict.copy()方法实现，它会返回一个新的字典对象，但仅复制父对象本身。如果字典中包含对其他对象的引用(如列表、字典等)，那么这些子对象不会被复制，而是会在新字典中保留与原字典相同的引用。因此，当修改原字典中的子对象时，dict.copy()返回的字典副本中的相应子对象也会随之改变，故称为浅复制。

如果需要创建一个完全独立的对象副本，可以使用 copy 模块中的 copy.deepcopy()方法。深复制会创建一个全新的对象，并且递归地复制原对象中的所有嵌套对象，从而确保副本与原对象在内存中完全独立。这意味着对副本的修改不会影响原对象，反之亦然，从而实现真正意义上的独立复制。

相比之下，copy 模块也提供了浅复制功能。浅复制通过 copy.copy()方法实现，仅复制对象的顶层结构，而不涉及嵌套对象的实际内容。如果原对象中包含嵌套对象(如列表中的列表、字典中的字典等)，浅复制会复制嵌套对象的引用，而不是嵌套对象本身。因此，副本与原对象会共享同一块内存空间的数据。在这种情况下，对嵌套对象的修改会同时反映在原对象和副本中。示例代码如下：

```
import copy  # 使用copy()和deepcopy()函数需要导入copy库
x = {'a': [1], 'b': [2, 3, 4]}
y = x.copy()
z = copy.deepcopy(x)
x['a'].append(5)
print(x)
print(y)
print(z)

x['a'].insert(1,3)
x['b'].remove(3)
print(x)
print(y)
print(z)
```

输出结果如下：

```
{'a': [1, 5], 'b': [2, 3, 4]}
{'a': [1, 5], 'b': [2, 3, 4]}
{'a': [1], 'b': [2, 3, 4]}
{'a': [1, 3, 5], 'b': [2, 4]}
```

```
{'a': [1, 3, 5], 'b': [2, 4]}
{'a': [1], 'b': [2, 3, 4]}
```

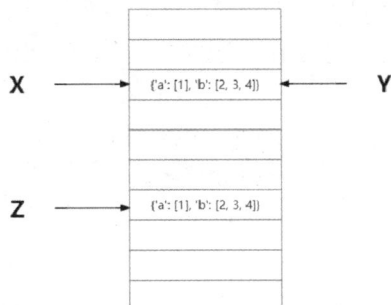

图 4-1　浅复制和深复制的内存地址区别

4. 以键查值

使用 dict.get(key,default=None)方法可以访问 dict 中 key 的对应值。与 dict[key]的区别在于，若 key 不存在于 dict 中，dict[key]会引发 KeyError，而 dict.get()方法会返回一个默认值。示例代码如下：

```
d = {}
print(d.get('name'))
print(d.get('name', 'N/A'))
d['name'] = 'Eric'
print(d.get('name'))
```

输出结果如下：

```
None
'N/A'
'Eric'
```

5. 移除键值对

dict.pop(key[,default])方法返回给定 key 对应的值，然后将这个键值对从 dict 中弹出。示例代码如下：

```
student = {'name': 'Alice', 'age': 18, 'gender': 'female'}
print(student.pop('name'))
print(student)
```

输出结果如下：

```
'Alice'
{'age': 18, 'gender': 'female'}
```

6. 字典更新

dict.update(adict)方法可以利用一个字典更新另一个字典。提供的字典中的所有键值对均会被添加到旧字典中，若有相同的键则会进行覆盖。示例代码如下：

```python
student1 = {'name': 'Eric', 'age': 18, 'gender': 'male'}
student2 = {'name': 'Bob', 'age': 19, 'phone': '12345678'}
student1.update(student2)    # 等效于 student1 = {**student1, **student2}
print(student1)
```

输出结果如下：

```
{'name': 'Bob', 'age': 19, 'gender': 'male', 'phone': '12345678'}
```

7. 字典转化

字典转化为字符串需要使用 dumps()函数，它用于将字典类型的数据转成字符串。示例代码如下：

```python
#字典转化为字符串
import json                    # 使用 dumps() 函数需要导入 json 库
dict1 = {'red':1,'blue':2,'green':3}

#情况一，通用法
print(str(dict1))              # 将 dict1 直接转化为字符串，直接在字典的首尾加上引号

#情况二，专用法
print(json.dumps(dict1))      # 只能用于将 dict1 类型的数据转成 str
```

输出结果如下：

```
{'red': 1, 'blue': 2, 'green': 3}
{"red": 1, "blue": 2, "green": 3}
```

字符串也可以转化为字典。示例代码如下：

```python
#字符串转化为字典
str5 = '{"red":1,"blue":2,"green":3}'
#情况一，通用法
print(eval(str5))             # 将字符串视为语句，直接把首尾的引号去掉，就得到了字典

#情况二，专用法
import json                    # 使用 loads() 函数需要导入 json 库
print(json.loads(str5))       # 只能将 str 类型的数据转成 dict
# 使用 json.loads 函数必须保证字符串最外层引号为单引号，内部键或值的引号为双引号
```

输出结果如下：

```
{'red': 1, 'blue': 2, 'green': 3}
{'red': 1, 'blue': 2, 'green': 3}
```

字典转化为列表，有以下几种方法。

(1) dict.values()：返回由字典的值组成的对象。

(2) dict.keys()：返回由字典的键组成的对象。

(3) dict.items()：返回由字典的键值对组成的对象。

示例代码如下：

```
#字典转化为列表
dict1 = {'red':1,'blue':2,'green':3};
print(list(dict1.values()))        #值转化为列表
print(list(dict1.keys()))          #键转化为列表
print(list(dict1.items()))         #键值对转化为列表
print()
print(list(dict1))                 #默认将键转化为列表
```

输出结果如下：

```
[1, 2, 3]
['red', 'blue', 'green']
[('red', 1), ('blue', 2), ('green', 3)]

['red', 'blue', 'green']
```

列表转化为字典，通常结合 set()函数。

(1) dict()：可将其他对象转化为字典类型。

(2) zip()：将对象中对应的元素打包成一个个元组，然后返回由这些元组组成的对象。示例代码如下：

```
#列表转化为字典
#情况一，一个列表转化为字典
list3 = [(23333, 'hello'), ('hello', ','), ('[1,2,3]', 'world'), ('God', '!')]
print(dict(list3))

#情况二，两个列表转化为字典
list1 = [23333, 'hello', '[1,2,3]', 'God']
list2 = ['hello', ', ', 'world', '!']
print(dict(zip(list1, list2)))   #zip 函数作用：将两个对象中对应的元素打包成一个
个元组，返回一个对象
# 注意：list1 元素作为键，list2 元素作为值，list1 中的元素必须为不可变元素
```

输出结果如下：

```
{23333: 'hello', 'hello': ',', '[1,2,3]': 'world', 'God': '!'}
{23333: 'hello', 'hello': ',', '[1,2,3]': 'world', 'God': '!'}
```

字典转化为集合，示例代码如下：

```
#字典转化为集合
```

```
dict1 = {'red':1,'blue':2,'green':3};
print(set(dict1.values()))          #值转化为集合
print(set(dict1.keys()))            #键转化为集合
print(set(dict1.items()))           #键值对转化为集合
print()
print(set(dict1))                   #默认将键转化为集合
```

输出结果如下:

```
{1, 2, 3}
{'green', 'blue', 'red'}
{('green', 3), ('blue', 2), ('red', 1)}

{'green', 'blue', 'red'}
```

【例 4-1】Python 没有专门的枚举分支结构,但利用字典可以实现枚举的功能。输入两个数字,并输入加、减、乘、除运算符号,然后输出运算结果。若输入其他符号,则退出程序。代码如下:

```
while True:
    a = float(input('请输入第一个数字'))
    b = float(input('请输入第二个数字'))
    t = input('请输入运算符号,其他符号为退出程序')
    tup = ('+', '-', '*', '/')
    if t not in tup:
    break
    if b == 0 and t == '/':
        print('除以 0,为数学错误,请重新输入')
        continue
    dic = {'+': a+b, '-': a-b, '*': a*b, '/': a/b}
    print('%s%s%s=%0.1f'%(a, t, b, dic.get(t)))
```

运行结果如下:

```
请输入第一个数字2.3
请输入第二个数字3.4
请输入运算符号,其他符号为退出程序/
2.3/3.4=0.7
```

【例 4-2】引入内置 calendar 模块,输入年、月、日,根据 weekday(year, month, day) 的返回值,输出该日期是星期几。weekday()返回 0~6,分别对应星期一到星期日。代码如下:

```
from calendar import weekday

# 每个月的天数(平年)
month_days = {1: 31, 2: 28, 3: 31, 4: 30, 5: 31, 6: 30, 7: 31, 8: 31, 9: 30, 10: 31, 11: 30, 12: 31}
```

```python
dic = {0: '星期一', 1: '星期二', 2: '星期三', 3: '星期四', 4: '星期五', 5: '星
期六', 6: '星期日'}

# 判断是否为闰年
def is_leap_year(year):
    return (year % 4 == 0 and year % 100 != 0) or (year % 400 == 0)

# 输入日期
y = input('请输入年: ')
m = input('请输入月: ')
d = input('请输入日: ')

# 验证日期有效性
if y.isdigit() and m.isdigit() and d.isdigit():
    y, m, d = int(y), int(m), int(d)
    if m == 2 and is_leap_year(y):  # 闰年 2 月
        month_days[2] = 29
    if 1 <= m <= 12 and 1 <= d <= month_days.get(m):
        w = weekday(y, m, d)
        print('您输入的%s年%s月%s日是%s' % (y, m, d, dic[w]))
    else:
        print('输入日期有误')
else:
    print('输入日期有误')
```

运行结果如下：

```
请输入年 1949
请输入月 10
请输入日 1
您输入的 1949 年 10 月 1 日是星期六
```

calendar 模块还提供大量日期计算方法，例如 calendar.isleap() 判断是否为闰年。

4.4　列表表达式

　　在编程时，数据处理和转换是常见的需求。为了使代码更加简洁和易读，Python 提供了列表表达式的语法，可以在一行代码中完成对列表数据的处理和生成。列表表达式不仅能提高代码的可读性，还能在一定程度上优化性能。本节将介绍列表表达式的基本概念、用法通过具体的示例展示其应用。

4.4.1　三元表达式

三元表达式是一种简洁的条件表达式，用于根据条件的真假来返回不同的值。一个三元表达式由三个子表达式构成，分别是条件满足时的值、条件和条件不满足时的值。其语法格式如下：

```
val1 if cond else val2
```

其中 val1 为条件满足时的值，cond 为条件，val2 为条件不满足时的值。当程序遇到三元表达式时，计算条件表达式 cond。当 cond 的结果为 True 时，则计算子表达式 val1，将其结果作为整个三元表达式的值；当 cond 的结果为 False 时，则计算子表达式 val2，整个三元表达式的值为 val2 的结果。

三元表达式非常适合简单的条件赋值操作，能够使代码更简洁且易读。举例说明：

```
if x % 2 == 0:
    result = "Even"
else:
    result = "Odd"
```

上述语句通过 if-else 语句判断 x 是奇数还是偶数，若使用三元表达式，则可以简化为一行代码，具体如下：

```
result = "Even" if x % 2 == 0 else "Odd"
```

4.4.2　列表推导式

列表推导式是 Python 中用于创建新列表的一种简洁且强大的语法结构。使用列表推导式可以在一行代码中对现有列表(或其他可迭代对象)进行处理和转换，从而生成一个新的列表。列表推导式的基本语法格式如下：

```
new_list = [expression for item in iterable]
```

其中 expression 是对 item 的处理表达式，item 是可迭代对象中的每个元素，iterable 是一个可迭代的对象，比如列表、字符串、元组等。

通过在 expression 中对 item 进行加工处理，生成新的元素，并将生成的元素组成一个新的列表。它与下面的语句块等价：

```
new_list = []
for item in iterable:
    new_list = new_list + [expression]
```

接下来，通过几个示例来进一步了解列表推导式的使用方法。

【**例 4-3**】平方数列表。代码如下：

```
numbers = [1, 2, 3, 4, 5]
squared_numbers = [x**2 for x in numbers]
print(squared_numbers)
```

运行结果如下：

```
[1, 4, 9, 16, 25]  #1², 2², 3², 4², 5²
```

列表推导式还可以加入 if 条件以便更加灵活地生成列表：

```
new_list = [expression for item in iterable if condition]
```

它等价于下面的语句块：

```
new_list = []
for item in iterable:
    if condition:
        new_list = new_list + [expression]
```

【**例 4-4**】获取列表中的偶数。代码如下：

```
numbers = [1, 2, 3, 4, 5]
even_numbers = [x for x in numbers if x % 2 == 0]
print(even_numbers)
```

运行结果如下：

```
[2, 4]
```

在该示例中，使用列表推导式从 numbers 列表中筛选出偶数，生成了一个新的列表 even_numbers。通过 [x for x in numbers if x % 2 == 0]，遍历了 numbers 列表中的每个元素 x，并将满足条件 x % 2 == 0 的元素加入新列表。

【**例 4-5**】求 1−3+5−7+⋯−47+49 的结果。

首先，可以构造一个列表，包含元素 1, −3, 5, ⋯, 49。代码如下：

```
numbers = [2*i-1 if i % 2 == 1 else 1-2*i for i in list(range(1, 26))]
```

上述列表推导式通过一个三元表达式"2*i-1 if (i % 2 == 1) else 1-2*i "来计算新列表中的元素值。其他代码如下：

```
print(numbers)
print(sum(numbers))
```

运行结果如下：

```
[1,-3,5,-7,9,-11,13,-15,17,-19,21,-23,25,-27,29,-31,33,-35,37,-39,41,-
43,45,-47,49]
25
```

【例 4-6】求 $1 - \frac{1}{2} + \frac{1}{3} - \frac{1}{4} + \frac{1}{5} + \cdots + \frac{1}{99}$ 的结果。

首先，可以构造一个列表，包含元素 $1, -\frac{1}{2}, \frac{1}{3}, -\frac{1}{4}, \frac{1}{5}, \cdots, \frac{1}{99}$。代码如下：

```
numbers = [round(1.0/i,6) if i % 2 == 1 else round(-1.0/i,6) for i in
list(range(1, 100))]
print(numbers)
print(round(sum(numbers),6))  # round()函数可以对一个数进行四舍五入，并指定保留
的小数位数
```

输出结果如下：

```
[1.0, -0.5, 0.333333, -0.25, 0.2, -0.166667, 0.142857, -0.125, 0.111111,
-0.1, 0.090909, -0.083333, 0.076923, -0.071429, 0.066667, -0.0625,
0.058824, -0.055556, 0.052632, -0.05, 0.047619, -0.045455, 0.043478, -
0.041667, 0.04, -0.038462, 0.037037, -0.035714, 0.034483, -0.033333,
0.032258, -0.03125, 0.030303, -0.029412, 0.028571, -0.027778, 0.027027,
-0.026316, 0.025641, -0.025, 0.02439, -0.02381, 0.023256, -0.022727,
0.022222, -0.021739, 0.021277, -0.020833, 0.020408, -0.02, 0.019608, -
0.019231, 0.018868, -0.018519, 0.018182, -0.017857, 0.017544, -0.017241,
0.016949, -0.016667, 0.016393, -0.016129, 0.015873, -0.015625, 0.015385,
-0.015152, 0.014925, -0.014706, 0.014493, -0.014286, 0.014085, -0.013889,
0.013699, -0.013514, 0.013333, -0.013158, 0.012987, -0.012821, 0.012658,
-0.0125, 0.012346, -0.012195, 0.012048, -0.011905, 0.011765, -0.011628,
0.011494, -0.011364, 0.011236, -0.011111, 0.010989, -0.01087, 0.010753,
-0.010638, 0.010526, -0.010417, 0.010309, -0.010204, 0.010101]
0.698167
```

【例 4-7】斐波那契数列形式为斐波那契数列前 10 项的和。代码如下：

```
fib=[0,1]
tmp=[fib.append(fib [i-1]+ fib[i-2]) for i in range(2,10)]
print(fib)         # 注意不是打印 tmp
print(sum(fib))
```

运行结果如下：

```
[0,1,1,2,3,5,8,13,21,34]
88
```

4.4.3 生成器表达式

生成器表达式是一种类似于列表推导式的语法结构，但它不会立即生成一个完整的列表，而是按需逐个生成值。这样的特性使得生成器表达式在处理大数据量时非常高效，因为它不需要一次性生成并保存所有的值。生成器表达式的基本语法形式如下：

```
(expression for item in iterable)
```

其中，expression 是对 item 的处理表达式，item 是可迭代对象中的每个元素，iterable 是一个可迭代的对象，比如列表、字符串、元组等。在 expression 中可以对 item 进行加工处理，生成新的值，并依次产生这些值，而不是一次性生成整个列表。

【例 4-8】输出大于等于 1 并且小于 11 的奇数。代码如下：

```python
odd_numbers = (x for x in range(1, 11) if x % 2 == 1)
print(type(odd_numbers))
for number in odd_numbers:
    print(number, end=' ')
```

运行结果如下：

```
<class 'generator'>
1 3 5 7 9
```

【例 4-9】求 1+11+111+1111+11111+111111+1111111 的结果。代码如下：

```python
sum=0
fib=('1'*x for x in range(1,8))
for x in fib:
    print(x, end=' ')
    sum = sum +int(x)
print()
print(sum)
```

运行结果如下：

```
1 11 111 1111 11111 111111 1111111
1234567
```

注意：生成器表达式产生的生成器对象只能被迭代一次，迭代完成后就无法再次使用。

```python
odd_numbers = (x for x in range(1, 11) if x % 2 == 1)
print(next(odd_numbers))
print(next(odd_numbers))   # 当再次执行，无法得到原来的值
print(next(odd_numbers))
print(next(odd_numbers))
print(next(odd_numbers))
print(next(odd_numbers))   # 超出迭代次数将会引发StopIteration异常
```

输出结果如下：

```
1
3  # 当再次执行生成器将会进入下个迭代
5
7
9
Traceback (most recent call last):
```

```
    print(next(odd_numbers))
         ^^^^^^^
StopIteration
```

本 章 小 结

本章介绍了 Python 的序列类型数据，包括字符串、列表和元组。作为序列类型，列表用来保存任意类型、任意数量的数据。列表中的数据是动态的，随时可以修改。集合中没有重复的数据，数据没有位置和顺序，不能用索引来存取。集合可以做交、并、差等运算。字典是用键来存取数据的，键可以是任意类型，数字和字符串都可以作为键。键所对应的值也可以是任何类型，数字、字符串甚至列表和字典都可以作为值存放在字典中。

课 后 习 题

一、选择题

1. 以下(　　)方法可以将元素为字符串类型的列表转化为一个字符串。

    A. split()　　　　　B. eval()　　　　　C. join()　　　　　D. replace()

2. 在字典中，如果存在相同的键，以下(　　)的情况会导致键的值被覆盖。

    A. 使用 update() 方法添加新的键值对

    B. 使用 setdefault() 方法添加键

    C. 直接赋值给已存在的键

    D. 使用 pop() 方法删除键

3. 以下代码的输出是(　　)。

```
my_list = [1, 2, 3, 4]
my_list[1:3] = [7, 8, 9, 10]
print(my_list)
```

    A. [1, 7, 8, 9, 4]　　　　　　　　B. [1, 7, 8, 9, 10, 4]

    C. [1, 2, 3, 4]　　　　　　　　　D. [7, 8, 9, 10, 1, 4]

4. 以下代码的输出是(　　)。

```
my_dict = {'a': 1, 'b': 2, 'c': 3}
keys = list(my_dict.keys())
keys.append('d')
print(my_dict)
```

A. {'a': 1, 'b': 2, 'c': 3, 'd': None}　　B. {'a': 1, 'b': 2, 'c': 3}

C. {'a': 1, 'b': 2, 'c': 3, 'd': 4}　　D. {'a': 1, 'b': 2, 'c': 3, 'd': 'd'}

5. 以下代码的输出是(　　)。

```
my_set = {1, 2, 3}
my_set.update([4, 5])
my_set.add(4)
my_set.remove(5)
print(my_set)
```

A. {1, 2, 3, 4}　　　　　　　B. {1, 2, 3}

C. {1, 2, 3, 5}　　　　　　　D. {1, 2, 3, 4, 5}

6. 以下代码的输出是(　　)。

```
a = [1, 2, 3]
b = a
a.append(4)
b.append(5)
print(a)
```

A. [1, 2, 3, 4]　　　　　　　B. [1, 2, 3, 4, 5]

C. [4, 5]　　　　　　　　　　D. [1, 2, 3, 5]

7. (　　)能打印出 smith\exam1\test.txt?

A. `print("smith\exam1\test.txt")`

B. `print("smith\\exam1\\test.txt")`

C. `print("smith\"exam1\"test.txt")`

D. `print("smith\"exam1"\test.txt")`

8. list("abcd")的结果是(　　)。

A. ['a','b','c','d']　　　　　B. ['ab']

C. ['cd']　　　　　　　　　　D. ['abcd']

9. 给定列表 lst=[[1,2],[3,4]]，执行 for x in lst[0]:lst.append(x * 2) 后，lst 的值是(　　)。

A. [[1, 2], [3, 4], 2, 4]　　　　B. [[1, 2], [3, 4], 1, 2]

C. [[1, 2], [3, 4], 2, 4, 2, 4]　　D. [[1, 2], [3, 4], [2, 4]]

10. 给定字典 dict1={'a': 1, 'b': 2}和 dict2={'b': 3, 'c': 4}，执行 dict1|=dict2 后，dict1 的值是(　　)。

A. `{'a': 1, 'b': 3, 'c': 4}`

B. `{'a': 1, 'b': 2, 'c': 4}`

C. `{'a': 1, 'b': 2, 'c': 4, 'd': 3}`

D. `{'a': 1, 'b': 3}`

11. 以下代码的输出是(　　　)。

```
tup = (1, 2, 3, 4)
tup = tup[-1:] + tup[:-1]
print(tup)
```

　　A. (1, 2, 3, 4)　　　　　　　　B. (4, 1, 2, 3)

　　C. (3, 4, 1, 2)　　　　　　　　D. (1, 2, 3)

12. 以下代码的输出是(　　　)。

```
s = "Hello"
for i in range(len(s)):
    s = s[:i] + s[i+1:] if i % 2 == 1 else s
print(s)
```

　　A. "Hello"　　　B. "Hll"　　　　　　C. "Hell"　　　　　　D. "Hlolo"

13. 以下代码的输出是(　　　)。

```
s1 = "Python"
s2 = "Java"
result = "{}{}.{}{}".format(s1[0], s2[1:], s1[1:], s2[0])
print(result)
```

　　A. Pthon.avaJ　　　　　　　　B. Pava..ythonJ

　　C. Pava.ythonJ　　　　　　　　D. P.avaythonJ

14. 以下代码的输出是(　　　)。

```
d1 = {'a': {'x': 1}, 'b': 2}
d2 = {'b': 3, 'c': {'y': 4}}
d1.update(d2)
print(d1)
```

　　A. {'a': {'x': 1}, 'b': 3, 'c': {'y': 4}}

　　B. {'a': {'x': 1}, 'b': 2, 'c': {'y': 4}}

　　C. {'b': 2, 'c': {'y': 4}}

　　D. 抛出 TypeError 异常

15. 以下代码的输出是(　　　)。

```
matrix = [[3, 5, 1], [7, 2, 8], [4, 6, 9]]
result = 0
for i in range(len(matrix)):
    result += max(matrix[i]) * i if i % 2 == 0 else min(matrix[i]) + i
print(result)
```

　　A. 29　　　B. 19　　　C. 14　　　　　D. 21

二、填空题

1. split()方法用于将字符串按_____拆分，并返回一个_____。

2. 对于列表 list=[1, 2, 3]，执行 list[1:2]=[4, 5, 6]后，list 的值是_____。

3. 给定元组 tuple=(1, [2, 3], 4)，执行 tuple[1].extend([5, 6])后，tuple 的值是_____。

4. 对于字典 dict={'a': 1, 'b': 2, 'c': 3}，执行 dict['b']+=5 后，dict 的值是_____。

5. 列表 list = [1, 2, 3]，执行 list.extend([4, 5])后，list 的值是_____。

6. Python 语句 print('%d%%%d' %(3/2,3%2))的运行结果是_____。

7. 以下代码执行后，列表 result 的值是_____。

```python
numbers = [1, 2, 3, 4, 5]
result = []
for i in range(len(numbers)):
    if i % 2 == 0:
        result.append(numbers[i] * 2)
    else:
        result.append(numbers[i] + 1)
print(result)
```

8. 以下代码执行后，集合 unique_chars 的值是_____。

```python
s = "abracadabra"
unique_chars = {char for char in s if s.count(char) == 1}
print(unique_chars)
```

9. 以下代码执行后，字典 frequency 的值是_____。

```python
words = ["apple", "banana", "apple", "cherry", "banana", "cherry", "cherry"]
frequency = {}
for word in words:
    frequency[word] = frequency.get(word, 0) + 1
print(frequency)
```

10. 以下代码执行后，result 列表中的最大值是_____。

```python
nums = [3, 6, 9, 12, 15]
result = [x ** 2 for x in nums if x % 3 == 0 and x % 4 != 0]
print(result)
```

三、编程题

1. 给定一个列表 list=[100, 101, …, 1000]，将列表中的水仙花数存入一个新的列表中，并打印结果。水仙花数是指一个 n 位数，其各位数字的 n 次方和等于它本身的数。例如，153 是一个三位数，且 $1^3+5^3+3^3=153$。

2. 给定一个包含多个元组的列表，每个元组包含一个学生的姓名、年龄和成绩，将列表按照年龄升序排序，并返回排序后的列表。例如，列表[('Alice', 20, 85), ('Charlie', 19, 90),

('Eva', 20, 70)]按照年龄升序排序后为[('Charlie', 19, 90), ('Alice', 20, 85), ('Eva', 20, 70)]。

3. 编写一个 Python 程序，要求将列表 a 中的每个元素循环向右移动 m 个位置。即数组 a 中的元素 a[0], a[1], ⋯, a[n-1]在移动后应变为 a[n-m], a[n-m+1], ⋯, a[n-1], a[0], a[1], ⋯, a[n-m-1]的顺序。

4. 给定一个列表 list，其中有一系列整数，先将其中的最小值与第一个数交换，然后将最大值与最后一个数进行交换，打印交换后的列表。

5. 给定一个字符串 s，找到其中不含重复字符的最长子字符串，并返回该子字符串的长度。例如，给定"abcabcbb"，返回 3，因为不重复的最长子字符串为 "abc"。

6. 给定一个包含嵌套列表的列表 list=[1, [2, 3], [4, [5, 6]], 7]，你需要将其扁平化，变成一个单一的列表。例如，对于给定列表，结果应该是[1, 2, 3, 4, 5, 6, 7]。

7. 给定一个整数 n，生成一个列表，列表的每一项是 a 的累加形式(如[a, aa, aaa, aaaa, aaaaa, ⋯])，然后计算这些项的总和。a 为一个一位整数，将每一项视为一个数字，例如，a=2 且 n=5 时，列表为[2, 22, 222, 2222, 22222]，输出这些数字的累加和。

8. 给定一个整数序列，找出其中出现次数最多的整数以及它的出现次数。如果有多个整数的出现次数相同，则选择数值最小的整数。输出该整数和它的出现次数。

9. 给定一个整数列表 list=[3, -1, -2, 4, -1, 2, 1, -5, 4]，你需要找到该列表中连续子数组的最大和。例如，对于给定列表，最大和为 6(子数组为[4, -1, 2, 1])。编写程序，找出最大和。

10. 编写程序，格式化输出 n 行杨辉三角。杨辉三角即二项式定理的系数表，各元素满足以下条件：第一列及对角线上的元素均为 1；其余每个元素等于它上一行同一列元素与上一行前一列元素之和。

微课视频

扫一扫，获取本章相关微课视频。

| 4.1 序列型数据类型 | 4.2 集合型数据类型 | 4.3 映射型数据类型 ——字典 | 4.4 列表表达式 |

第 5 章

函 数 与 类

【学习目标】

- 掌握函数的声明与调用。
- 理解并掌握函数的参数传递。
- 理解变量的作用域。
- 理解匿名函数的声明和调用。
- 了解函数的递归。
- 理解类与对象的概念。
- 理解类与实例属性和方法。
- 了解如何创建子类和类。

5.1 函数的定义与调用

自定义函数允许编程人员编写一段具体的代码执行特定的功能。函数定义和函数调用是两个关键概念。

(1) 函数定义是对函数进行描述或定义的过程，告诉编译器或解释器有关函数的一些重要信息。这包括函数的名称、参数列表以及返回类型。

(2) 函数调用是程序中实际执行函数的地方，在调用函数时，提供了实际的参数值，这些值将传递给函数，并执行函数体中的代码。

5.1.1 函数的定义

函数定义使用 def 关键字。函数名的命名规则与变量命名相同，函数语句的缩进也表示函数名与函数体的隶属关系。每个函数可以返回一个值，也可以没有返回值。定义函数的语法格式如下：

```
def <函数名> ([形式参数列表]):
    <执行语句>
    [return <返回值>]
```

对于每个函数进行定义，一般包括以下组成部分。

(1) 函数名(Function Name)：函数的名称，通过函数名可以在代码中调用该函数。

(2) 参数(Parameters)：输入给函数的值，函数可以接受零个或多个参数。参数是可选的，函数可以没有参数，也可以有默认值的参数。

(3) 函数体(Function Body)：包含实际执行任务的代码块。这是函数的核心，定义了函数的行为。

(4) 返回值(Return Value)：函数执行完成后可能会返回一个结果。使用 return 语句来指定函数的返回值。如果没有明确的 return 语句，函数将返回一个特殊的值 None。

【例 5-1】求两个数的和。代码如下：

```
def add(x,y):
    return x+y
```

对于较简单的单语句自定义函数，也可写在一行中。例如：

```
def add(x,y): return x+y
```

【例 5-2】求斐波那契数列的前 n 个数。

斐波那契数列定义为：

```
f(0)=1, n=0
f(1)=1, n=1
f(n)=f(n-1)+f(n-2)，n≥2
```

程序代码如下：

```
def fibs(n):
    result=[0,1]
    for i in range(n-2):
        result.append(result[-2]+result[-1])
    return result
```

5.1.2 函数的调用

调用自定义函数的方法与前面调用 Python 内置函数的方法相同，即在语句中直接使用函数名，并在函数名之后的圆括号中传入参数，多个参数之间以半角符号隔开。常用函数参见附录 C。

在调用函数时，实际传递给函数的参数称为实际参数，简称实参。调用时，即使不需要传入实际参数也要带空括号。例如，输出函数 print()。

【例 5-3】调用例 5-1 中求两个数和的函数。

```
ans = add(36, 72)
print("36 和 72 的和为", ans)
```

运行结果如下：

```
36 与 72 的和为 108
```

【例 5-4】调用例 5-2 中求斐波那契数列的前 n 个数的函数。

```
print(fibs(8))
```

运行结果如下:

```
[0, 1, 1, 2, 3, 5, 8, 13]
```

5.1.3 main 方法

_ _main_ _方法在 Python 中是一个特殊的内置方法,用于在脚本作为主程序运行时执行特定代码。其主要用途是使 Python 文件可以作为模块被导入,而不会自动执行脚本中的代码。下面是关于_ _main_ _方法使用的详细说明和示例。

```
if _ _name_ _ == "_ _main_ _":
    # 当脚本作为主程序运行时,执行下面的代码
    main()
```

(1) _ _name_ _是一个特殊变量,表示当前模块的名称。

(2) 如果模块是被直接运行的,则_ _name_ _的值为"_ _main_ _"。

(3) 如果模块是被导入的,则_ _name_ _的值为模块的名字。

【例 5-5】main 方法的使用。代码如下:

```
def add(a, b):
    return a + b

def main():
    print("2 + 3 =", add(2, 3))
    print("5 + 7 =", add(5, 7))

if _ _name_ _ == "_ _main_ _":
    main()
```

当直接运行这个脚本时,输出结果如下:

```
2 + 3 = 5
5 + 7 = 12
```

如果将这个脚本作为模块导入另一个脚本,可以调用 add 函数而不会运行 main 函数。将例 5-5 代码保存为 example_script.py 文件,在另一个 python 文件代码中调用 add 函数的过程如下:

```
import example_script

print(example_script.add(10, 20))  # 输出: 30
```

5.2　函数的形参与实参

在程序设计中，形参和实参是函数定义和函数调用时使用的术语。形参是在函数定义时声明的变量，用于接收函数调用时传递进来的值。形参位于函数定义的括号内，充当占位符，表示函数期望接收的输入。形参的值在函数调用时由实参传递给它们。例如，在下面的函数定义中，a 和 b 就是形参。

```python
def add_numbers(a, b):
    result = a + b
    return result
```

实参是在函数调用时传递给函数的具体数值或对象，实参的值会被赋给函数定义中相应位置的形参。实参是函数调用的一部分，它提供了函数需要处理的实际数据。例如，在下面的函数调用中，3 和 5 就是实参。

```python
result = add_numbers(3, 5)
```

函数定义时，括号内是使用逗号分隔开的形参列表。一个函数可以没有形参，但是声明和调用时必须有括号，表示这是一个函数。调用函数时，会将实参的引用传递给形参。在定义函数时，对参数个数并没有限制。如果有多个形参，则需要使用逗号进行分隔。

形参和实参的关系在函数调用时非常重要。实参的数量、顺序和类型应该与函数定义中的形参相匹配，以确保函数能够正确地接收和处理传递进来的数据。

【例 5-6】无参数和没有返回值的函数。代码如下：

```python
def hello_world():              #没有参数输入
    print("Hello World")        #输出字符串
hello_world()                   #执行函数，输出 Hello World
```

这个例子中定义了 hello_world 函数，定义该函数时没有设置形参，所以调用函数时也不用传入实参，而是直接执行函数内部的代码。另外，由于没有明确的 return 语句，函数将返回一个特殊的值 None。

【例 5-7】形参与实参的作用。代码如下：

```python
def greet(name, greeting): #一个简单的打招呼函数
    message = f"{greeting}, {name}!"
    return message
#通过不同的实参调用这个函数，以得到不同的打招呼消息
# 第一次调用
result1 = greet("Alice", "Hello")
print(result1)                  # 输出: "Hello, Alice!"
```

```
# 第二次调用
result2 = greet("Bob", "Hi")
print(result2)  # 输出: "Hi, Bob!"
```

这个例子中，greet 函数有两个形参：name 和 greeting。name 用于表示要打招呼的人的名字，而 greeting 用于表示打招呼的语句。在第一次调用中，"Alice" 传递给了 name 形参，"Hello" 传递给了 greeting 形参。在第二次调用中，"Bob" 传递给了 name 形参，"Hi" 传递给了 greeting 形参。在每次函数调用中，实参的值被分配给相应的形参，然后函数体使用这些值生成打招呼消息，并将消息作为返回值。

通过不同的实参，可以在函数内部执行相同的操作，但得到不同的结果。形参与实参的关系确保了函数的通用性和灵活性，使得它可以适应不同的输入数据。

5.3 函数的参数类型

函数参数有很多种，主要分为位置参数、关键字参数、默认值参数、可变长度参数、函数名。

5.3.1 位置参数

Python 处理参数的方式要比其他语言更加灵活。其中最简单的参数类型是位置参数，传入参数的值是按照顺序依次给形参。

形参与实参在函数调用中具有对称关系，这种对称关系确保了函数能够正确地接收和处理调用时提供的数据。如果数量或顺序不匹配，可能导致错误或意外行为。

(1) 数量对称：函数定义中声明的形参的数量应该与函数调用时提供的实参的数量相匹配。如果函数期望两个参数，那么在调用函数时必须提供两个实参。

(2) 顺序对称：参数的顺序也需要匹配。当调用函数时，提供的第一个实参将赋给函数定义中的第一个形参，第二个实参将赋给第二个形参，以此类推。

【例 5-8】位置参数。代码如下：

```
def get_params(param1,param2,param3):  #形参的数量是三个
    #根据实参与形参的对应关系，参数的顺序也需要匹配
    print("param1={}, param2={}, param3={}".format(param1,param2,param3))
get_params (3,6,9)  #运行函数，实参的数量是三个
```

运行结果如下：

```
param1=3, param2=6, param3=9
```

5.3.2 关键字参数

关键字参数主要指调用函数时的参数传递方式与函数定义无关。通过关键字参数，可以按参数名字传递值。实参顺序可以和形参顺序不一致，但不影响参数值的传递结果，避免了需要牢记参数位置和顺序的麻烦，使得函数的调用和参数传递更加灵活方便。

【例 5-9】关键字参数。代码如下：

```
def get_params(param1,param2,param3):
    print("param1={}, param2={}, param3={}".format(param1,param2,param3))
    #运行函数，通过关键字参数，可以按参数名字传递值
get_params (param3=3,param2=6,param1=9)
```

运行结果如下：

```
param1=9, param2=6, param3=3
```

5.3.3 默认值参数

在定义参数时，形参被设置默认值，在调用带有默认值参数的函数时，可以不对默认值参数进行赋值，也可以通过显式赋值来替换其默认值，具有较大的灵活性。

在定义带有默认值参数的函数时，默认值参数必须全部出现在位置参数右侧，任何一个默认值参数右边都不能再出现未知参数。

【例 5-10】默认值参数。代码如下：

```
def get_params(param1,param2,param3=9):
    print("param1={}, param2={}, param3={}".format(param1,param2,param3))
    #运行函数，通过默认值参数给形参设置默认值
get_params(3,6)    #当不传递参数时，根据默认值赋值
```

运行结果如下：

```
param1=3, param2=6, param3=9
```

【例 5-11】实参覆盖默认值参数。代码如下：

```
def get_params(param1,param2,param3=9):
    print("param1={}, param2={}, param3={}".format(param1,param2,param3))
    #运行函数，通过默认值参数给形参设置默认值
get_params(3,6,7)
```

运行结果如下：

```
param1=3, param2=6, param3=7
```

5.3.4　可变长度参数

使用可变长度参数可以让函数处理比初始声明时更多的参数。在函数定义时，若在某个参数名称前面加一个星号(*)，则表示该参数是一个元组类型参数。在调用该函数时，依次将必须赋值的参数赋值完毕后，将继续依次从调用时所提供的参数中接收元素值为可变长度参数赋值。如果在函数调用时没有提供元组类型的参数，则相当于提供了一个空元组，即不必传递可变长度参数。

【例5-12】元组类型可变长度参数。代码如下：

```python
def function_4(*p):
    print(p)
#运行函数，无论调用该函数时传递了多少实参，一律将其放入元组 p 中
function_4(1,2,3)
```

运行结果如下：

```
(1, 2, 3)
```

在函数定义时，如在某个参数名称前面加两个星号(**)，则表示该参数是一个字典类型，在调用该函数时，以实参变量名等于字典值的方式传递参数，由函数自动按字典值接收。实参变量名以字符形式作为字典的键。由于字典是无序的，因此字典的键值对也不分先后顺序。如果在函数调用时没有提供字典类型的参数，则相当于提供了一个空字典，即不必传递可变长度参数。

【例5-13】字典类型可变长度参数。代码如下：

```python
def function_5(**p):
    print(p)
#运行函数，无论调用该函数时传递了多少实参，一律将其放入字典 p 中
function_5(x=1,y=2,z=3)
```

运行结果如下：

```
{'x': 1, 'y': 2, 'z': 3}
```

5.3.5　函数名作参数

Python 是面向对象的程序，对象名可以指向函数。在程序中可以将函数名作为参数传递给其他函数，因为在 Python 中，函数是第一类对象(First-Class Objects)。这意味着可以像对待其他对象(如整数、字符串等)一样对待函数，包括将它们赋值给变量、传递给函数以及从函数中返回。应注意的是，这里对象名称的类型是函数，而不是字符串。

【例 5-14】将函数名作为参数传递。代码如下：

```python
def greet(name):
    return "Hello "+name
def farewell(name):
    return "Goodbye "+name
def say_hello_or_goodbye(func, name):
    # 调用传递进来的函数
    result = func(name)
    return result

# 将函数名作为参数传递
result1 = say_hello_or_goodbye(greet, "Alice")
result2 = say_hello_or_goodbye(farewell, "Bob")

print(result1)  # 输出: Hello, Alice!
print(result2)  # 输出: Goodbye, Bob!
```

在例子中，say_hello_or_goodbye 函数接收两个参数：一个函数 func 和一个名称 name。然后，它调用传递进来的函数 func，并将名称作为参数传递给该函数。通过将不同的函数名传递给 say_hello_or_goodbye，可以实现不同的问候效果。

5.4　变量作用域

变量的作用域是指在程序中能够对该变量进行读写操作的范围，不同作用域内同名变量之间互不影响。根据作用域的不同，变量分为函数中定义的局部变量(Local，简称 L)、模块级别定义的全局变量(Global，简称 G)、函数嵌套中父级函数的嵌套变量(Enclosing，简称 E)。

(1) 局部变量：在函数内部定义的变量属于局部变量，其作用范围仅限于函数内部。局部变量只能在其被创建的函数内部访问，而在函数外部是不可见的，即局部变量在函数执行结束后会被销毁。如果在函数外部调用函数内部定义的变量，就会抛出 NameError 异常。

(2) 全局变量：全局变量为能够同时作用于函数内外的变量，该变量在函数内和函数外皆能访问。分为两种情况：第一种情况，在函数体外定义的变量是全局变量，即如果一个变量在函数外定义，那么该变量不仅在函数外可以访问到，在函数内也可以访问到；第二种情况，在函数体内定义，并且使用 global 关键字修饰后，该变量也为全局变量，同样的在函数体外也可以访问到该变量，并且在函数体内还可以对其进行修改。

(3) 嵌套变量：嵌套作用域是指在一个函数内部定义的另一个函数。在嵌套的情况下，内部函数可以访问外部函数的变量，但外部函数不能直接访问内部函数的变量。

Python 程序中允许出现同名变量，如具有相同命名标识的变量出现在不同的函数体中则该值各自代表不同的图像，即不相互干扰，也不能相互访问。若具有相同命名标识的变量在同一个函数体中。或函数具有嵌套关系则不同作用域的变量也各自代表不同的对象。程序执行时，按优先级进行访问。

【例 5-15】局部变量与全局变量同名。代码如下：

```
def func():
    num1=1
    print("函数内部打印结果")
    print(num1,num2)
num1=10
num2=20
func()
print("函数外部打印结果")
print(num1,num2)
```

运行结果如下：

```
函数内部打印结果
1 20
函数外部打印结果
10 20
```

【例 5-16】global 关键字使用。代码如下：

```
def func():
    global num1
    num1=1
    print("函数内部打印结果")
    print(num1,num2)
num1=10
num2=20
func()
print("函数外部打印结果")
print(num1,num2)
```

运行结果如下：

```
函数内部打印结果
1 20
函数外部打印结果
1 20
```

【例 5-17】嵌套变量作用域的使用。代码如下：

```
def outer_function():
    value=50                        # 外部函数的局部变量
    def inner_function():
        print("value=",value)       # 内部函数可以访问外部函数的变量
    inner_function()                # 外部函数可以调用内部函数

outer_function()                    # 调用外部函数
```

运行结果如下：

```
value= 50
```

5.5　匿 名 函 数

匿名函数指不使用 def 语句这样标准的形式定义的函数，即没有名字的临时使用的简单函数。匿名函数通常使用关键字 lambda 创建，因此它们也被称为 lambda 函数。与普通函数不同，lambda 函数没有函数名，函数的主体是一个表达式，而不是一个代码块，仅仅能在 lambda 表达式中封装简单的逻辑。lambda 函数拥有自己的命名空间，且不能访问自己参数列表之外或全局命名空间里的参数；与函数参数规则相同，参数也可以带有默认值。语法格式如下：

```
<函数对象名> = lambda <形式参数列表> : <表达式>
```

【例 5-18】求两个数的和。代码如下：

```
addnum = lambda x, y : x + y
num=addnum(3,5) #num 为 8
```

【例 5-19】求两个数中的最大值。代码如下：

```
maxnum=lambda x, y: x if x > y else y
num=maxnum(3,5) #num 为 5
```

lambda 函数通常用于需要一个简单函数作为参数的函数。例如，在 map、filter、sorted 等函数中。下面是一个使用 lambda 函数的例子。

【例 5-20】使用 lambda 函数对列表元素进行平方操作。代码如下：

```
numbers = [1, 2, 3, 4, 5]
squared = list(map(lambda x: x**2, numbers))
print(squared) # 输出 [1, 4, 9, 16, 25]
```

其中，map 函数是 Python 中的另一个内置函数，用于对可迭代对象中的每一个元素应用指定的函数，并返回一个包含结果的迭代器。与 filter 函数不同的是，map 函数不会过滤

元素，而是将函数应用到每一个元素上。语法格式及说明如下：

```
map(function, iterable, ...)
#参数 function: 一个函数，接受一个或多个参数，并返回一个值。
#参数 iterable: 一个或多个可迭代对象。map 函数会将 function 依次应用到这些可迭代对象的元素上。
#返回值：map 函数返回一个迭代器，其中包含将 function 应用到 iterable 每一个元素后的结果。
```

【例 5-21】使用 lambda 函数过滤列表中的偶数。代码如下：

```
numbers = [1, 2, 3, 4, 5]
even_numbers = list(filter(lambda x: x % 2 == 0, numbers))
print(even_numbers)  # 输出 [2, 4]
```

其中，filter 函数是 Python 中的一个内置函数，用于从一个可迭代对象中过滤出符合特定条件的元素。filter 函数需要两个参数：一个函数和一个可迭代对象。它将这个函数应用到可迭代对象的每一个元素上，只保留函数返回 True 的元素。语法格式及说明如下：

```
filter(function, iterable)
#参数 function: 一个函数，接受一个参数并返回布尔值 True 或 False。
#参数 iterable: 一个可迭代对象，如列表、元组、集合等。
#返回值：filter 函数返回一个迭代器，包含了所有使 function 返回 True 的元素。
```

sorted 函数是 Python 提供的一个内置函数，用于对可迭代对象进行排序。其语法和使用方法如下：

```
sorted(iterable, key=None, reverse=False)
#iterable: 表示要排序的可迭代对象，如列表、元组、字符串等。
#key: 用于指定一个函数，此函数会被应用到每个元素上，以此函数的返回值为依据进行排序。
#reverse: 一个布尔值，如果为 True，则按降序排序；如果为 False(默认值)，则按升序排序。
```

使用 lambda 函数对元素进行排序，先按照首字母排序，如果首字母相同，接着按照第二个字母排序，以此类推。

```
list2 = ['apple','banana','cherry','date','elderberry']
sorted_list2 = sorted(list2,key=lambda x:(x[0],x[-1]))
print(sorted_list2)
```

虽然 lambda 函数可以用于一些简单的操作，但对于复杂的函数逻辑，仍然推荐使用普通的命名函数。lambda 函数的主要优势在于简洁性和方便性，适用于一些简单的功能需求。

5.6　函数的递归

函数调用自身的编程技巧称为递归。函数可以递归调用，允许一个函数在执行过程中调用自己。它通常把一个大型复杂的问题层层转化为一个与原问题相似的规模较小的问题来求解，因此只需少量的程序就可描述出解题过程所需要的多次重复计算，大大地减少了程序的代码量。

能够设计成递归算法的问题必须满足两个条件：终止条件和递归式。递归式适用于当终止条件不满足时递归调用本身，从而把问题分解为一个与原问题相似的规模较小的子问题来求解。终止条件适用于当条件不满足时，递归直接返回结果，从而避免形成无限循环。

【例 5-22】求斐波那契数列的第 n 个数。代码如下：

```python
def fibs(n):
    if n==1 or n==2:
        return 1
    else:
        return fibs(n-1) + fibs(n-2)
print(fibs(8))#输出 21
```

【例 5-23】求 n 的阶乘 $n!$。代码如下：

```python
def factorial(n):
    if n==1:
        return 1
    else:
        return n*factorial(n-1)
print(factorial(5))  #输出 120
```

在执行该参数的过程中，factorial(5)函数会判断，当 n 不为 1 时，返回 5* factorial(4)的结果，此时又会调用 factorial(4)函数，同理执行到 factorial(1)。当接收的值为具体的值时，结束调用返回结果。例如执行到 factorial(1)时返回 1，然后执行到 factorial(2)时返回 2*1，执行到 factorial(3)时返回 3*2，同理执行到 factorial(5)。具体的执行过程如图 5-1 所示。

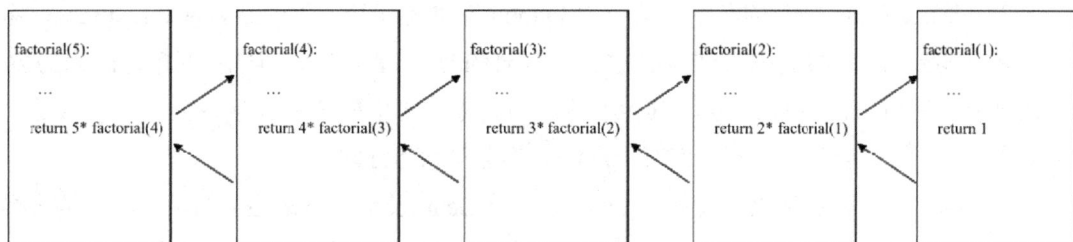

图 5-1 factorial(5)的调用过程

递归虽然可以提供一种方便的解决方案，但递归调用会引入额外的函数调用开销和系统栈的使用，因此需要注意递归可能会导致的栈溢出问题。

5.7　类　和　对　象

面向对象程序设计就是使用对象进行程序设计，实现代码重用和设计重用，使得软件开发更高效方便。面向对象程序设计具有三个基本特征：封装、继承和多态。

5.7.1　类和对象的概念

对象(object)表示现实世界中明确标识的一个实体，例如一个学生、一张桌子、一个圆都可以看作一个对象，每个对象都有自己独特的标识属性和行为。

一个对象的属性是指那些具有它们当前值的数据域。例如，学生对象具有一个数据域 name，它用于标识学生的属性。一个对象的行为也称为动作，是由方法定义的。

调用对象的一个方法就是要求对象完成一个动作。例如，可以为学生对象定义一个名为 getinfo() 的函数，学生对象调用 getinfo() 方法返回学生的信息。

类(class)是定义属性(变量、数据)和行为(方法)的模板。对象是类的一个实例。

5.7.2　类和对象的创建

1. 创建类和子类

类使用 class 关键字创建类的属性和方法。例如：

```
class ClassName:
  initializer
  methods
```

其中 ClassName 是类的名字，是一个 Python 有效标识符。类的命名风格在 Python 库没有统一规定，一般为多个单词，每个单词的首字母大写。类中的函数称为方法(method)，通常包含初始化方法和其他方法。初始化方法总是被命名为 _ _init_ _，这是一个特殊的方法。每当类创建新实例时，Python 都会自动运行它。

下面编写一个表示学生的简单类(Student)。Student 表示的不是特定的学生，而是一类学生。对于学生，他们都有名字、学号和课程成绩等信息，还有获取学生基本信息和 GPA 成绩等行为。接着，将使用它来创建表示特定 Student 对象。

【例 5-24】创建 Student 类。代码如下：

```
class Student:  #学生类:包含成员变量和成员方法。
    def _ _init_ _(self,name,number):      #构造方法
        self.name=name                     #成员变量
```

```
        self.number=number              #成员变量

    def getInfo(self):                  #成员方法
        print(self.name,self.number)
```

其中，＿＿init＿＿方法是一个特殊的方法。每当根据 student 类创建新对象时，Python 都会自动运行它。在这个方法的名称中，开头和末尾各有两条下划线。这是一种规定，它是为了避免 Python 默认方法与普通方法发生名称冲突。在这个方法的定义中，形参 self 必不可少，还必须位于其他形参的前面。每个与类相关联的方法都调用 self 传递本身参数。

getInfo()函数是类的一个对象方法，可以通过访问该方法得到关于类的信息。

2. 创建对象

定义完类后，并不会真正创造一个实例。类相当于一辆汽车的设计图，它告诉汽车上是怎么样，但设计图本身不是汽车。实例相当于根据设计图设计的实物，所以可以根据类创建类的实例，即实例化该类的对象。

【例 5-25】实例化 Student 类。代码如下：

```
stu=Student("Wang","31000010")  #初始化调用＿＿init＿＿函数
print("我的名字是"+stu.name+",我的学号为"+stu.number)
```

第一行代码创建了名字为 stu 的对象。在执行这行代码时使用实参"wang"和"31000010"调用 student 类中的方法＿＿init＿＿，该方法自动创建一个对象 self，并使用提供的参数来设置变量 name 和 number。

3. 访问对象成员

对象成员是指对象的变量和方法。对象的变量也称为实例变量，每个对象(实例)的变量中都有一个特定值；方法也被称为实例方法，因为方法被一个对象调用来完成对象上的动作。

可以使用圆点运算符(.)访问对象的变量或方法。它也被称为对象成员访问运算符，使用"对象名.成员"形式。

【例 5-26】调用实例方法。代码如下：

```
print(stu.name)         #访问对象变量
print(stu.getInfo())    #访问对象方法
```

4. 变量值

类中的每个变量都必须有初始值，哪怕这个值是零或空字符串。通常在方法＿＿init＿＿内指定这种初始值，如果设置了初始值，那么就无须为它提供初始值的形参。

属性的值可以通过各种不同的方法修改变量的值，可以直接通过对象进行修改，也可以通过设置一个方法在该方法中修改。

【例 5-27】类的变量值使用方法。代码如下：

```
class Student:
    def _ _init_ _(self,name,number):
        self.name=name
        self.number=number
        self.gpa=0              #设置默认值为 0

    def setGpa(self,gpa):
        self.gpa=gpa

    def getGpa(self):
        return self.gpa

stu=Student("Wang","31000010")
# print("gpa 默认值为"+stu.getGpa())
print("gpa 默认值为",stu.getGpa())
# 直接修改变量值
stu.gpa=3.8
print("gpa 直接修改为",stu.getGpa())
# 通过实例方法修改
stu.setGpa(3.9)
print("gpa 通过实例方法修改为",stu.getGpa())
```

输出结果如下：

```
gpa 默认值为 0
gpa 直接修改为 3.8
gpa 通过实例方法修改为 3.9
```

5.7.3　封装

封装是面向对象的主要特征。所谓封装，就是把客观事物抽象并封装成对象，即将数据成员、方法等集合在一个整体内。通过访问控制，还可以隐藏内部成员，只允许可信的对象访问或操作自己部分的数据或方法。

使用类编写程序是将类的实现和类的使用分离，类的实现的细节对使用类的程序员而言是不可见的。类的用户不需要知道类是如何实现的，实现的细节被封装并对用户隐藏，称为类的封装。

1. 类成员

实例变量一般是指在构造方法中定义的，定义和使用时必须以 self 作为前缀。类的每个实例都包含了该类的实例变量一个单独的副本。实例变量在类的内部通过 self 访问，在外部通过对象访问。

Python 允许声明属于类本身的变量，即类变量，也称静态变量。类变量属于整个类，不是特定实例的一部分，而是所有实例之间共享一个副本。类变量是在所有方法之外定义的。

【例 5-28】类的封装。代码如下：

```python
class Car:
    price=300000                    #定义类变量

    def _ _init_ _(self,name):      #定义实例变量
        self.name=name
        self.color=""
    def setColor(self,color):
        self.color=color
car1=Car("奥迪")
car2=Car("宝马")
print(car1.name,car1.price)
Car.price=310000                    #修改类变量
car1.setColor("黑色")
car1.name="新奥迪"
print(car1.name,car1.price,car1.color)
print(car2.name,car2.price,car2.color)
```

输出结果如下：

```
奥迪 300000
新奥迪 310000 黑色
宝马 310000
```

实例方法：在类的方法中，第一个参数如果为 self，这种方法称为实例方法。实例方法对类的某个给定的实例进行操作，可以通过 self 显式地访问该实例。例如：

【例 5-29】显式访问方法。代码如下：

```python
car3=Car("吉利")
car3.setColor("白色")
print(car3.name,car3.color)
```

类方法：Python 允许声明属于类本身的方法，即类方法。类方法不对特定实例进行操作。在类方法中不能访问实例变量。类方法通过装饰符@classmethod 来定义，第一个形式参数必须为类本身，通常为 cls。在上面的 car 类中增加一个类方法，其功能为打印汽车的价格，定义如下。

【例 5-30】类方法。代码如下：

```python
@classmethod
def getPrice(cls):
    print(cls.price)
```

类方法一般通过类名访问，也可以通过实例调用。调用时不需要也不能给该参数传值。例如：

```
car4=Car("沃尔沃")
print(car4.getPrice())
```

静态方法：Python 允许声明与类的实例无关的方法，称为静态方法。静态方法通常是一个独立的方法，不对类的方法和变量进行操作。静态方法也不对特定实例进行操作，在静态方法中访问实例会导致错误。静态方法通过装饰器@staticmethod 来定义。在上面的 Car 类中增加一个静态方法，其用于设置汽车的价格，定义如下。

【例 5-31】静态访问方法。代码如下：

```
@staticmethod
def printInfo():
    print("这是一个汽车例子")
```

静态方法一般通过类名访问，也可通过实例调用。例如：

```
Car.printInfo()
car4.printInfo()
```

2. 私有成员与公有成员

Python 类的成员没有访问控制权限。在 Python 中通常有些约定，以_开头的方法名和变量名有特殊的含义，尤其在类的定义中。

以一个下划线前缀，格式如：_XXX。它是受保护成员，不能用 "from model import*" 导入。

以两个下划线前缀，但不以两个下划线后缀，格式如：__XXX。它是私有成员，只有类内自己能访问，不能使用实例直接访问这个成员。

以两个下划线前缀和两个下划线后缀，格式如：__XXX__。它是系统定义的特殊成员。

面向对象编程的封装性原则要求不直接访问类中的数据成员。Python 中可以通过定义私有变量，然后定义相应的访问该私有变量的方法，并使用@property 装饰器装饰这一函数。

【例 5-32】私有成员与公有成员。代码如下：

```
class Person:
    def _ _init_ _(self,name,age):
        self._ _name=name        #以两个下划线开头
        self._ _age=age          #以两个下划线开头

    @property
    def name(self):
        return self._ _name
```

Person 类中 _ _name 是私有的，只能通过类的 name()方法访问，_ _age 是私有的，不能通过对象访问。例如：

```
p=Person("Wang","23")
print(p.name)      #通过方法访问不会报错
print(p._ _age)    #通过对象访问会报错
```

5.7.4　继承和多态

1. 继承

继承是面向对象程序设计中代码重用的一种主要方法。它是一种创建新类的机制，目的是使用现有类的变量和方法。原始类称为父类、基类或超类，新类称为子类或派生类。通过继承创建类时，将继承其父类的变量和方法，但子类可以重新定义父类的变量和方法，并且可以添加自己的变量和方法。类的继承是类运用中的重点。

例如，电动汽车是一种特殊的汽车，因此可以在前面创建的 Car 的基础上创建 ECar，这就只需为电动汽车特有的变量和方法编写代码。

【例 5-33】Car 类的继承。代码如下：

```
class Car():
    price=300000      #定义类变量

    def _ _init_ _(self,name):
        self.name=name
        self.color=""
    def setColor(self,color):
        self.color=color

class ECar(Car):    #继承父类 Car
    def _ _init_ _(self,name):
        super._ _init_ _(name)      #初始化父类变量
        self.battery_size=500
    def getECar(self):
        print("我是电动汽车"+self.name+"电池容量为"+str(self.battery_size))
```

在 ECar 中，super()是一个特殊的函数，帮助 Python 将父类和子类关联起来，这样代码让 Python 调用 ECar 的父类方法_ _init_ _()，让 ECar 实例包含父类的所有变量。此外还新定义了一个数据成员 battery_size 和方法 getECar。代码如下：

```
car5=ECar("特斯拉")
print(car5.getECar())
```

【例 5-34】Animal 类的继承。

(1) 创建父类。代码如下：

```python
class Animal:
def _ _init_ _(self, name):
self.name = name

def speak(self):
raise NotImplementedError("Subclass must implement abstract method")

def move(self):
print(f"{self.name} is moving")
```

(2) 创建子类。代码如下：

```python
class Dog(Animal):
    def _ _init_ _(self, name, breed):
    super()._ _init_ _(name)  # 调用父类的构造方法
    self.breed = breed

    def speak(self):
    return f"{self.name} says Woof!"

class Cat(Animal):
    def _ _init_ _(self, name, color):
    super()._ _init_ _(name)  # 调用父类的构造方法
    self.color = color

    def speak(self):
    return f"{self.name} says Meow!"
```

(3) 使用子类。代码如下：

```python
dog = Dog("Buddy", "Golden Retriever")
cat = Cat("Whiskers", "Tabby")

print(dog.speak())  # 输出: Buddy says Woof!
print(cat.speak())  # 输出: Whiskers says Meow!

dog.move()  # 输出: Buddy is moving
cat.move()  # 输出: Whiskers is moving
```

2. 多态

多态即多种状态，是指同一个方法在父类及其不同子类所创建的对象中可以具有不同的表现和行为。很多内置运算符、函数和方法都能体现多态的性质，在事先不知道对象类型的情况下，可以自动根据对象的不同类型执行相应的操作。例如，加运算符，在连接数值类型变量时表示加法操作，在连接字符串时则表示拼接。

【例 5-35】Python 的多态举例。代码如下：

```
print(2+3)       #输出 5
print('2'+'3')   #输出 23
```

【例 5-36】多态的例子。

(1) 创建父类。代码如下：

```
class Animal:
    def _ _init_ _(self, name):
    self.name = name

    def speak(self):
    raise NotImplementedError("Subclass must implement abstract method")
```

(2) 创建子类。代码如下：

```
class Dog(Animal):
    def speak(self):
    return f"{self.name} says Woof!"

class Cat(Animal):
    def speak(self):
        return f"{self.name} says Meow!"

class Cow(Animal):
    def speak(self):
        return f"{self.name} says Moo!"
```

(3) 使用多态：创建一个函数，它可以接收任何类型的 Animal 对象并调用其 speak 方法。代码如下：

```
def animal_sound(animal):
    print(animal.speak())

# 创建不同类型的动物对象
dog = Dog("Buddy")
cat = Cat("Whiskers")
cow = Cow("Bessie")

# 使用多态调用 speak 方法
animal_sound(dog)    # 输出: Buddy says Woof!
animal_sound(cat)    # 输出: Whiskers says Meow!
animal_sound(cow)    # 输出: Bessie says Moo!
```

对于该样例，可做以下几点说明。

① 定义一个通用的接口。父类 Animal 定义了一个通用的接口 speak 方法，所有子类

都必须实现这个方法。

② 子类实现接口。子类 Dog、Cat 和 Cow 分别实现了 speak 方法。

③ 多态性。函数 animal_sound 可以接收任何 Animal 对象,并调用其 speak 方法。这展示了多态性:同一函数可以作用于不同的对象,调用相同的方法,但行为因对象类型不同而不同。

本 章 小 结

本章首先介绍了自定义函数和类的相关技术,其中包括如何创建并调用一个函数,如何进行参数传递和指定函数的返回值等,类的定义和实例化,以及类的封装、继承、多态技术。应该重点掌握如何通过不同的方式为函数传递参数,以及什么是形式参数和实际参数,如何定义类和访问类成员。

课 后 习 题

一、选择题

1. Python 中的函数参数可以有( )。

    A. 固定数量   B. 零个或一个   C. 至少一个   D. 任意数量

2. 下面( )关键字用于创建类。

    A. def   B. class   C. struct   D. type

3. 在类中,( )方法在创建类实例时自动调用。

    A. _ _init_ _   B. create()   C. new()   D. start()

4. Python 函数的返回值可以是( )。

    A. 只有整数   B. 只有对象   C. 任何类型   D. 只有字符串

5. 在 Python 中,( )传递参数到函数中。

    A. 使用*args 或**kwargs   B. 只有位置参数

    C. 只有关键字参数   D. 只有默认参数

6. Python 中的*args 和**kwargs 分别用于( )。

    A. *args 用于任意数量的位置参数,**kwargs 用于任意数量的关键字参数

    B. *args 用于任意数量的关键字参数,**kwargs 用于任意数量的位置参数

    C. 两者都用于任意数量的位置参数

    D. 两者都用于任意数量的关键字参数

7. 在 Python 中，以下代码的输出是(　　)。

```
def add_items(items, item):
    items.append(item)
    return items

list1 = [1, 2, 3]
result = add_items(list1, 4)
print(list1)
```

　　　A. [1, 2, 3]　　　B. [1, 2, 3, 4]　　　C. [4]　　　　　D. 报错

8. 以下代码的输出是(　　)。

```
def add(x, y=[]):
    y.append(x)
    return y

print(add(1))
print(add(2))
```

　　　A. [1] [2]　　　B. [1] [1, 2]　　　C. [] [1, 2]　　　D. 报错

9. 在 Python 中，以下代码的输出是(　　)。

```
class MyClass:
    def _ _init_ _(self, x):
        self.value = x

obj1 = MyClass(5)
obj2 = MyClass(10)
print(obj1.valuc)
```

　　　A. 5　　　　　B. 10　　　　　C. None　　　　　D. 报错

10. 在 Python 中，@staticmethod 和 @classmethod 的区别是(　　)。

　　　A. @staticmethod 可以访问类实例，而 @classmethod 不能

　　　B. @classmethod 接收类作为第一个参数，而 @staticmethod 不接收

　　　C. @staticmethod 用于实例方法，@classmethod 用于类方法

　　　D. 两者没有区别

11. 以下代码的输出是(　　)。

```
class Parent:
    def _ _init_ _(self):
        self.value = "Parent"

class Child(Parent):
    def _ _init_ _(self):
        super()._ _init_ _()
```

```
        self.value += " and Child"

obj = Child()
print(obj.value)
```

  A. Parent   B. Child

  C. Parent and Child   D. 报错

12. 以下代码的输出是(   )。

```
class Counter:
    count = 0

    def _ _init_ _(self):
        Counter.count += 1

c1 = Counter()
c2 = Counter()
print(Counter.count)
```

  A. 0   B. 1   C. 2   D. 报错

13. 在 Python 中，以下代码的输出是(   )。

```
def func(x, y=5, z=10):
    return x + y + z

print(func(1, z=2))
```

  A. 8   B. 18   C. 16   D. 报错

14. 在 Python 中，以下(   )描述了继承的正确含义。

  A. 继承允许一个类在另一个类的基础上增加新的属性和方法

  B. 继承用于防止代码重用

  C. 继承允许子类直接修改父类的私有属性

  D. 继承禁止子类重写父类的方法

15. 以下代码的输出是(   )。

```
class MyClass:
    count = 0

    def _ _init_ _(self):
        MyClass.count += 1

a = MyClass()
b = MyClass()
c = MyClass()
print(MyClass.count)
```

  A. 1   B. 2   C. 3   D. 报错

二、填空题

1. 在 Python 中，定义函数的关键字是＿＿＿＿＿＿。

2. Python 中的类方法使用装饰器＿＿＿＿＿＿来声明。

3. Python 中的静态方法使用装饰器＿＿＿＿＿＿来声明。

4. 在 Python 类中，＿＿＿＿＿＿方法用于初始化实例。

5. Python 中的函数可以返回多个值，它们被打包成一个＿＿＿＿＿＿对象。

6. 已知列表对象 x = ['11', '2', '3']，则表达式 max(x, key=len) 的值为＿＿＿＿＿＿＿。

7. 执行函数 describe_pet("Willie")，输出结果是＿＿＿＿＿＿。

```
def describe_pet(pet_name, animal_type="dog"):
    print(f"My {animal_type}'s name is {pet_name}.")
```

8. 下面程序的空白处应该填＿＿＿＿＿＿和＿＿＿＿＿＿。

```
 def introduce(name, age):
    print(f"Hello, my name is {name} and I am {age} years old.")

def main():
    #使用关键字参数调用 introduce 函数
    introduce(_____="Alice", _____=30)
if _ _name_ _ == "_ _main_ _":
    main()
```

9. 使用匿名函数过滤列表中的偶数，空白处应该填＿＿＿＿＿＿。

```
numbers = [1, 2, 3, 4, 5, 6]
even_numbers = list(filter(_____, numbers))

print(even_numbers)
```

10. 根据下面的代码，完成填空。填空 1＿＿＿＿＿＿，填空 2＿＿＿＿＿＿。

```
# 定义一个名为 Person 的类，并创建一个实例
class Person:
    def _ _init_ _(self, name, age):
        self.name = name
        self.age = age
# 创建 Person 类的实例
person = Person("Alice", 30)

# 填空 1：打印实例的 name 属性
print(person._____)

# 填空 2：打印实例的 age 属性
print(person._____)
```

三、编程题

1. 编写一个 Python 函数，该函数接收一个数字列表作为参数，并返回列表中所有偶数的和。

2. 编写一个 Python 函数，该函数接收两个参数，base 和 height，并返回一个表示三角形面积的函数。

3. 编写一个 Python 函数，该函数接收一个字符串列表作为参数，并返回一个新列表，其中包含所有长度大于 2 的字符串。

4. 创建一个类 Calculator，它提供两个方法: add 和 subtract，分别用于计算两个数的和与差。

5. 编写一个名为 count_vowels_and_consonants 的函数，接收一个字符串，并返回该字符串中元音和辅音的数量。

6. 编写一个函数，接受一个整数参数 n，返回斐波那契数列中前 n 项的和。

7. 写一个删除列表中重复元素的函数，要求去重后元素相对位置保持不变。

8. 输入年月日，判断这个日期是这一年的第几天。

9. 编写一个类 BankAccount，具有以下功能。

(1) 存款: 增加账户余额;

(2) 取款: 减少账户余额;

(3) 查看余额: 返回当前账户余额;

(4) 获取交易历史: 返回所有存款和取款的记录。

10. 编写一个类 Matrix，具有以下功能。

(1) 初始化矩阵，支持矩阵的元素存储;

(2) 实现矩阵的加法运算(支持两个矩阵相加);

(4) 实现矩阵的转置;

(5) 实现矩阵的行列式计算(2×2 或 3×3 矩阵)。

微课视频

扫一扫，获取本章相关微课视频。

5.1 函数的定义与调用　　5.2 函数的形参与实参　　5.3 函数的参数类型　　5.4 变量作用域

5.5 匿名函数　　5.6 函数的递归　　5.7 类和对象

第6章

文 件

【学习目标】

● 了解文件的编码格式和文件的保存类型。

● 掌握文件的打开、关闭、读取、写入和追加等基本操作。

● 了解 Python 的程序结构、包和库以及模块引用的基本内容。

● 掌握使用第三方库对文件进行词频分析和数据分析等操作。

6.1 基 本 概 念

文件是计算机系统中的基本概念，在 Python 中，通过文件操作可以读取和写入数据到文件中。文件是计算机存储数据的一种方式，它包含文本、图像、音频、视频等类型的数据。

6.1.1 文件的编码

编码是一个非常重要的概念。将字符转换为计算机可以理解和存储的二进制数据尤为重要，而文件编码可以通过使用不同的编码方案来实现。

ASCII(American Standard Code for Information Interchange，美国信息交换标准代码)是一种基本的字符编码方案，将字符映射到整数值(0～127)。在 ASCII 编码中，每个字符占用 1 个字节的存储空间。

Unicode 是一种更加全面和通用的字符编码方案，支持几乎所有已知的字符集，包括各种语言的字符、符号和表情等。Python 3 默认使用 Unicode 编码。如果文件的实际编码与指定的编码不匹配，将会引发 UnicodeDecodeError 编码。Unicode 字符可以使用不同的编码方案进行存储，其中最常见的是 UTF-8 和 UTF-16。

UTF-8(Unicode Transformation Format 8-bit)是一种变长字节编码方案，可以表示 Unicode 字符集中的任意字符。UTF-8 使用 8 位(1 字节)来编码 ASCII 字符，使用多字节来编码非 ASCII 字符。它的灵活性和兼容性使得 UTF-8 成为互联网上最常用的字符编码方案。

UTF-16 是一种定长字节编码方案，它使用 16 位(2 字节)来编码 Unicode 字符。UTF-16 可以以小字节序(Little-Endian)或大字节序(Big-Endian)进行存储。

还有其他许多编码方案可供选择，如 Latin-1、GB2312、GBK、Big5 等，每种编码方案都有其特定的应用场景和兼容性。正确使用文件编码可以避免出现乱码或解码错误的问题。

在 Python 中，可以使用 open()函数打开文件，并指定所需的文件编码。示例如下：

```
file = open('file.txt', 'r', encoding='utf-8')
```

这个示例打开了一个名为 file.txt 的文本文件，使用 UTF-8 编码解析文件内容，可以根据文件的实际编码来选择适当的编码方案。"encoding="这部分可以省略。这时代码如下：

```
file = open('file.txt', 'r', 'utf-8')
```

6.1.2　文本文件和二进制文件

文本文件和二进制文件在存储和处理数据时有着不同的特点。无论是文本文件还是二进制文件，在使用完文件后，应当关闭文件以释放系统资源。

(1)　文本文件。文本文件是由字符组成的文件，其中的数据以可读的文本形式表示。

(2)　二进制文件。二进制文件是以字节(byte)为单位存储的文件，可以包含任意类型的数据，包括图像、音频、视频等。在处理二进制文件时，需要注意数据的编码方式，以确保正确读写数据。

6.2　文　件　操　作

Python 提供了丰富的文件操作功能，使得读取、写入、追加和定位文件内容变得非常简单和直观。了解这些基本操作对处理数据文件、日志记录以及持久化存储等任务非常有帮助。

6.2.1　文件的打开和关闭

在 Python 中，文件操作是通过内置的 open()函数来实现的。该函数接收文件路径和打开模式作为参数，并返回一个文件对象。打开模式可以是读取模式("r")、写入模式("w")、追加模式("a")或更新模式("x")。表 6-1 所示是一些文件常用的打开模式。

表 6-1　文件常用的打开模式

文本文件	二进制文件	说　明
r	rb	只读模式，用于读取文件内容，文件不存在会引发错误
w	wb	写入模式，用于创建新文件或覆盖已有文件的内容
a	ab	追加模式，用于在文件末尾追加新内容，如果文件不存在会创建新文件
x	xb	独占创建模式，用于创建新文件，如果文件已存在会引发错误

file.txt 文件的内容如下：

```
Hello!
```

执行读操作，采用 read()方法，示例代码如下：

```python
# 打开文件并读取内容
file = open("file.txt", "r")
content = file.read()
print(content)
file.close()
```

输出结果如下：

```
Hello!
```

执行写操作，采用 write()方法，示例代码如下：

```python
# 打开文件并写入内容
file = open("file.txt", "w")
file.write("Hello, World!")
file.close()
```

file.txt 文件的内容如下：

```
Hello, World!
```

在完成文件操作后，使用调用文件对象的 close()方法来关闭文件，可以确保释放系统资源并将缓冲区的数据写入文件。

此外，为了更方便地操作文件，Python 提供了 with 语句，它可以自动管理文件的打开和关闭，无须显式调用 close()方法。以下是使用 with 语句的示例：

```python
with open("file.txt", "r") as file:
    content = file.read()
```

这段代码使用 with 语句打开文件后，代码块结束时会自动关闭文件，即使发生异常也不会影响文件的关闭操作。相关代码如下：

```python
try:
    file = open('file.txt', 'r', encoding='utf-8')  # 打开文件时发生异常情况
    print(file.read())
except FileNotFoundError:
    print('无法打开指定的文件！')
except LookupError:
    print('指定了未知的编码！')
except UnicodeDecodeError:
    print('读取文件时解码错误！')
finally:
    if file:
        file.close()
```

这段代码通过 open()函数可以打开文件并获取文件对象，然后使用文件对象的方法进行读取和写入操作。完成操作后，应该调用文件对象的 close()方法来关闭文件。

6.2.2　文件的读取、写入、追加

在 Python 中，可以使用不同的模式来进行文件的读取、写入和追加操作。

1. 文件的读取

在打开文件之后，可以使用文件对象的方法来读取文件内容。常用的方法具体如下。

- read(size=None)：读取文件内容。如果提供了 size 参数，将读取指定字符数的数据；否则，将读取整个文件。
- readline()：读取文件的一行内容。
- readlines()：将文件的所有行读取到一个列表中。

file.txt 的文件内容如下：

```
姓名,数学,英语,科学
Alice,85,90,78
Bob,70,80,88
Charlie,95,85,92
```

(1) 读取整个文件内容。示例代码如下：

```
# 打开文件并读取内容
file = open('file.txt', 'r')
content = file.read()
file.close()

# 处理文件内容
print(content)
```

输出结果如下：

```
姓名,数学,英语,科学
Alice,85,90,78
Bob,70,80,88
Charlie,95,85,92
```

在上述代码中，使用 open()函数打开文件并指定模式为'r'(只读模式)。然后，使用 read()方法读取整个文件的内容并将其存储在变量 content 中。

(2) 逐行读取文件内容。

如果想逐行读取文件内容，可以使用 readlines()方法。将文件内容按行读取，并返回一个包含每行文本的列表。示例代码如下：

```
# 打开文件并逐行读取内容
file = open('file.txt', 'r')
lines = file.readlines()  #  返回一个列表
file.close()

# 处理文件内容
print(lines)
for line in lines:
print(line)
```

输出结果如下：

```
["姓名,数学,英语,科学", "Alice,85,90,78", "Bob,70,80,88",
"Charlie,95,85,92"]
姓名,数学,英语,科学
Alice,85,90,78
Bob,70,80,88
Charlie,95,85,92
```

2. 文件的写入

要写入文件，可以使用文件对象的 write()和 writelines()方法。

- write(string)：将字符串写入文件。
- writelines(lines)：将列表写入文件。

(1) 将字符串写入文件。示例代码如下：

```
# 打开文件并写入内容
file = open('file.txt', 'w')
content = "Hello, world!"
file.write(content)
file.close()
# 文件写入完成
```

file.txt 文件的内容如下：

```
Hello, World!
```

在上述示例中，使用 open()函数打开文件并指定模式为'w'(写入模式)。然后，使用 write()方法将内容写入文件。注意：使用写入模式会清空原有文件的内容；如果文件不存在，则会创建一个新文件。

(2) 将列表写入文件。示例代码如下：

```
# 打开文件并写入内容
file = open('file.txt', 'w')
contents = ["Hello! ", "World!", "You are beautiful!"]
# 在每个字符串后添加换行符
contents_with_newlines = [line + "\n" for line in contents]
file.writelines(contents_with_newlines)
```

```
file.close()
# 文件写入完成
```

file.txt 文件的内容如下:

```
Hello!
World!
You are beautiful!
```

3. 文件的追加

要向文件追加内容,可以使用文件对象的 write()方法,并将模式设置为'a'(追加模式)。

```
# 打开文件并追加内容
file = open('file.txt', 'a')
content = "Appending new content!"
file.write(content)
file.close()
# 文件追加完成
```

在上述示例中,使用 open()函数打开文件并指定模式为'a'(追加模式)。然后,使用 write()方法将新内容追加到文件末尾。追加模式会将新内容添加到文件的末尾,而不会影响文件中已有的内容。

grades.txt 文件的内容如下。

```
姓名,数学,英语,科学
Alice,85,90,78
Bob,70,80,88
Charlie,95,85,92
```

根据文件内容,计算每位学生的平均分,并更新到相应位置以及判断是否及格、是否优秀(85 分以上为优秀)。示例代码如下:

```
# 读取文件内容
def read_grades(file_path):
    with open(file_path, 'r', encoding='utf-8') as file:
    # 打开文件并将数据存入 lines 列表
        lines = file.readlines()
    headers = lines[0].strip().split(',')              # 获取表头信息
    data = [line.strip().split(',') for line in lines[1:]] # 获取学生姓名和成绩
    return headers, data

# 计算总分和平均分,并划分等级
def calculate_scores(data):
    results = []
    for row in data:
        name = row[0]
        scores = list(map(int, row[1:]))
```

```
        total_score = sum(scores)              # 计算每个学生的总分和平均分
        average_score = total_score / len(scores)
        if average_score >= 85:                       # 根据平均分划分学生等级
            grade = '优秀'
        elif average_score >= 60:
            grade = '及格'
        else:
            grade = '不及格'
        results.append([name, total_score, average_score, grade])
        # 追加信息到列表
    return results

# 将原数据和计算结果重新写入原文件
def append_results_to_file(file_path, headers, data, results):
    with open(file_path, 'w', encoding='utf-8') as file:
        new_headers = headers + ['总分', '平均分', '等级']
        file.write(','.join(new_headers) + '\n')        # 列表转化为字符串
        for row, result in zip(data, results):
            file.write(','.join(row + list(map(str, result[1:]))) + '\n')

# 主函数
def main(file_path):
    headers, data = read_grades(file_path)
    results = calculate_scores(data)
    append_results_to_file(file_path, headers, data, results)

# 调用主函数
file_path = 'grades.txt'
main(file_path)
```

输出结果如下:

```
姓名,数学,英语,科学,总分,平均分,等级
Alice,85,90,78,253,84.33333333333333,及格
Bob,70,80,88,238,79.33333333333333,及格
Charlie,95,85,92,272,90.66666666666667,优秀
```

6.2.3　文件的内容定位

文件的内容定位是指在读取文件时如何定位到特定位置以读取或修改文件的部分内容。在 Python 中,可以使用文件对象的 seek()和 tell()方法来进行文件内容的定位操作。

1. 文件指针和 seek()

在文件中,有一个称为文件指针(file pointer)的概念,指示了当前读取或写入位置的偏

移量。文件指针初始位置通常位于文件的开头。seek()方法可以用于移动文件指针到特定位置。

1)　语法格式

seek()函数的语法格式为 file.seek(offset, whence)。

(1)　offset：表示偏移量，可以是正数(向后移动)或负数(向前移动)。

(2)　whence：表示参考位置，可选值为以下三种。

①　0：从文件开头开始计算偏移量(默认值)。

②　1：从当前位置开始计算偏移量。

③　2：从文件末尾开始计算偏移量。

2)　示例代码

```
# 打开文件
file = open('example.txt', 'r')

# 将文件指针移动到文件开头
file.seek(0, 0)

# 读取文件的前 5 个字符
content = file.read(5)
print(content)

# 将文件指针移动到相对于当前位置的偏移量为 2 的位置
file.seek(2, 1)

# 读取接下来的 3 个字符
content = file.read(3)
print(content)

# 关闭文件
file.close()
```

在上述示例中，使用 seek()方法将文件指针移动到特定位置，并使用 read()方法读取文件的部分内容。

2. tell()方法

tell()方法用于获取文件指针的当前位置，返回的是当前位置相对于文件开头的偏移量。示例代码如下：

```
# 打开文件
file = open('example.txt', 'r')

# 获取当前文件指针的位置
position = file.tell()
```

```
print(position)

# 关闭文件
file.close()
```

在上述示例中，使用 tell()方法获取了当前文件指针的位置。

6.3　Python 程序结构

在编写 Python 程序时，理解其结构和组织方式是非常重要的。一个良好结构的程序不仅易于维护和扩展，还能提高代码的可读性和复用性。Python 程序结构可以分为以下几个层次：源程序、模块、包和库。

6.3.1　源程序和模块结构

源程序是指编写的 Python 代码文件，它包含了程序员编写的一系列语句和表达式。源程序文件通常以.py 为扩展名，例如 example.py。

每个.py 文件可以包含一个或多个 Python 模块。Python 模块是一个包含了 Python 代码的文件，它可以被其他 Python 文件导入并重用。Python 模块通常包含函数、类和变量等，可以在其他模块中引用和调用这些模块。源程序是 Python 代码的基本单位，通过执行源程序，可以实现程序的功能和逻辑。

1. 源程序示例(example.py)

示例代码如下：

```
# 变量定义
name = "John"
age = 25

# 函数定义
def greet():
    print("Hello, " + name + "!")

# 类定义
class Person:
    def _ _init_ _(self, name, age):
        self.name = name
        self.age = age

    def introduce(self):
```

```
       print("My name is " + self.name + " and I am " + str(self.age) +
" years old.")

# 控制流语句
if age > 18:
    print("You are an adult.")
else:
    print("You are a minor.")

# 函数调用
greet()

# 类实例化和方法调用
person = Person(name, age)
person.introduce()
```

通常，Python 程序的架构是指将一个完整的程序分割为源代码文件的集合，以及将这些文件连接起来的方法。

模块是 Python 程序中最高级别的组织单元，它将相关的代码组织在一个文件中，以便在其他程序中重复使用。它可以包含函数、类、变量和其他 Python 语句。通过将代码组织为模块，可以提高代码的可维护性和可重用性。模块可以在其他 Python 程序中被导入，并使用其中定义的函数、类和变量。

2. 模块示例(math_utils.py)

示例代码如下：

```
# 函数定义
def square(x):
    return x ** 2

def cube(x):
    return x ** 3

# 类定义
class Calculator:
    def add(self, x, y):
        return x + y

    def subtract(self, x, y):
        return x - y
```

3. 导入模块示例(math.py)

示例代码如下：

```
import math_utils  # 自定义的库和函数
```

```
# 使用模块中的函数
print(math_utils.square(5))
print(math_utils.cube(3))

# 使用模块中的类
calculator = math_utils.Calculator()
print(calculator.add(10, 5))
print(calculator.subtract(8, 3))
```

6.3.2　包和库

包(Package)和库(Library)是常见的术语。包是一个包含模块和子包的目录结构,用于组织和管理相关的 Python 代码。它可以包含多个模块文件(以.py 为扩展名),以及其他子包(也是包的目录结构)。

包的主要目的是将相关的代码组织在一起。它可以避免模块名称冲突,并使代码更易于维护和重用。它通常包含一个特殊的 __init__.py 文件,用于标识该目录为一个 Python 包。

库是指一组相关的功能模块,提供了一系列功能和工具,可以被其他程序引用和重用,用于简化开发人员的工作。它可以是 Python 标准库(Python 语言自带的库),也可以是第三方库(由其他开发者编写并共享的库)。

开发人员可以通过导入库中的模块来使用库提供的功能,从而避免从零开始编写重复的代码。

1. 导入标准库和第三方库

示例代码如下:

```
# 导入标准库中的模块
import os
import random

# 导入第三方库(需要提前安装)
import requests

# 使用标准库中的模块
print("当前工作目录:", os.getcwd())
print("随机数:", random.randint(1, 100))

# 使用第三方库发送 HTTP 请求
response = requests.get("https://api.github.com")
print("GitHub API 状态码:", response.status_code)
```

2. 创建自定义包和库

假设有一个名为 my_package 的自定义包，包含了两个模块 module1.py 和 module2.py，其中 module1.py 定义了一个函数 hello()，module2.py 定义了一个变量 PI。现在演示如何导入这个自定义包并使用其中的内容。

在 my_package 目录下创建_ _init_ _.py 文件及 module1.py 和 module2.py 文件。代码如下：

```
# 目录结构
my_package/
├── _ _init_ _.py
├── module1.py
└── module2.py


# _ _init_ _.py 的内容
print("Initializing mypackage")
# 用于标识一个目录为包，并可以包含包的初始化代码，初始代码可以为空


# module1.py 的内容
def hello():
    print("Hello from module1")


# module2.py 的内容
PI = 3.1415926
```

接下来可以在另一个 Python 文件中导入这个自定义包，并使用其中的函数和变量。代码如下：

```
# 导入自定义包
import my_package.module1 as m1
import my_package.module2 as m2

# 使用自定义包中的函数和变量
m1.hello()
print("PI 的值为:", m2.PI)
```

6.3.3　库的模块引用

在 Python 中，一个库由多个模块组成，每个模块都有特定的功能或用途。模块引用是指在代码中使用 import 语句将其他模块引入当前模块，以便使用被引入模块中定义的函数、类和变量。通过模块引用，可以在当前模块中使用其他模块中的代码，以实现代码的重用和组织。因此，库中的模块引用对于有效组织和访问代码库至关重要。

Python 提供了多种导入模块的方式,包括以下四种方式。

- 引入整个模块:import 模块名。例如:import math。
- 引入模块并重命名:import 模块名 as alias。例如:import numpy as np,将 numpy 模块引入并重命名为 np。
- 从模块中引入特定的函数或类:from 模块名 import 函数名,类名。例如:from math import sqrt,只引入 math 模块中的 sqrt 函数。
- 引入模块中的所有内容(不建议使用):from 模块名 import *。例如:from math import *,引入 math 模块中的所有函数和变量。

示例代码如下:

```python
# 引入整个模块
import math
# 使用 math 模块中的函数
print(math.sqrt(16))
# 引入模块并重命名
import numpy as np

# 使用 np 来表示 numpy 模块
arr = np.array([1, 2, 3])
print(arr)
# 从模块中引入特定的函数或类
from datetime import datetime
# 使用 datetime 模块中的 datetime 类
now = datetime.now()
print(now)

# 引入模块中的所有内容(不建议使用)
from statistics import *
# 使用 statistics 模块中的所有函数
data = [1, 2, 3, 4, 5]
mean_val = mean(data)
print(mean_val)
```

6.3.4 Python 中第三方库的安装与使用

在 Python 编程中,第三方库是由其他开发者编写并共享的代码集合,提供了各种功能和工具。安装和使用第三方库是 Python 开发过程中的重要环节。

1. 安装第三方库

在 Python 开发中,第三方库的安装是扩展功能和提高开发效率的关键步骤。

1)　使用 pip 安装

使用 pip 安装是 Python 的包管理工具，通过简单的命令 pip install 库名，可以下载并安装所需的库。例如，要安装名为 requests 的库，如图 6-1 所示，只需打开命令行终端，运行命令 pip install requests，pip 将从 Python 软件包索引或其他源下载并安装库的最新版本。当执行 pip install 时，会向 Python 社区发起安装请求，下载安装程序的速度可能会比较慢，这时可以尝试使用其他源下载。下面是常用的 Python 国内源。

- 清华大学镜像源，地址为 https://pypi.tuna.tsinghua.edu.cn/simple/。
- 浙江大学镜像源，地址为 https://mirrors.zju.edu.cn/pypi/web/simple。
- 中国科技大学镜像源，地址为 https://pypi.mirrors.ustc.edu.cn/simple/。
- 阿里云镜像源，地址为 https://mirrors.aliyun.com/pypi/simple/。
- 华为云镜像源，地址为 https://repo.huaweicloud.com/repository/pypi/simple。

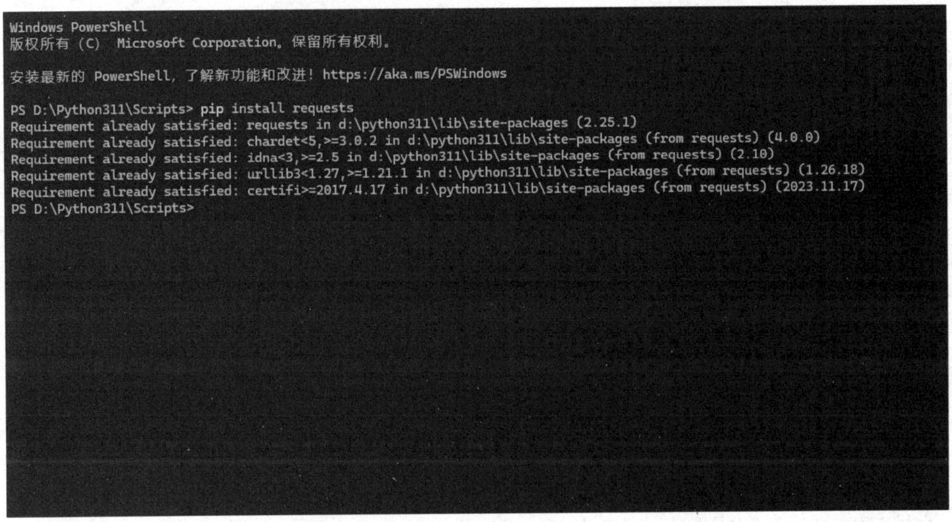

图 6-1　在命令行终端运行命令 pip install requests

再次执行 pip 命令时，加上 -i 地址即可，例如安装清华大学源提供的程序为：pip install matplotlib -i https://pypi.tuna.tsinghua.edu.cn/simple。

2)　使用 requirements.txt 文件

为了更方便地管理项目的依赖关系，可以使用 requirements.txt 文件列出项目所需的所有第三方库及其版本。通过运行 pip install -r requirements.txt 命令，可以一次性安装所有列出的库及其指定的版本。

3)　使用虚拟环境

虚拟环境是 Python 项目的一种隔离机制，允许在同一台机器上的不同项目中使用不同的库版本，避免了库之间的冲突。可以通过命令 python -m venv env_name 创建虚拟环境，然后通过激活环境来安装和管理项目所需的库。

2. 使用第三方库

安装完成后，要在 Python 代码中使用第三方库，首先需要将其导入项目。可以使用 import 关键字导入整个库，或者使用 from 库名 import 模块名/函数名的方式导入特定的模块或函数。例如：import numpy。一旦导入了库，就可以使用其中的函数、类和变量。通过调用库提供的函数，可以轻松地实现项目所需的功能，从而提高开发效率。示例代码如下：

```python
# 安装第三方库
# 在命令行终端执行以下命令
# pip install numpy
# 导入第三方库
import numpy

# 使用 numpy 库中的函数和类
arr = numpy.array([1, 2, 3])
print(arr)

# 导入第三方库并重命名
import pandas as pd
# 使用 pd 来表示 pandas 库
data = {'Name': ['John', 'Alice', 'Bob'],
        'Age': [25, 30, 35],
        'City': ['New York', 'London', 'Paris']}
df = pd.DataFrame(data)
print(df)
```

在上述代码中，首先使用 pip 命令安装了 numpy 库。然后，在 Python 代码中使用 import 语句导入了 numpy 和 pandas 库。通过导入库，就可以使用其中定义的函数、类和变量，如创建 numpy 数组和 pandas 的 DataFrame 对象。

第三方库通常有其官方文档，其中包含库的使用指南、函数和类的详细说明以及示例代码，开发人员可以参考官方文档以了解库的具体用法和功能。通过安装和使用第三方库，Python 开发人员能够利用现有的代码库来加快开发速度，并扩展 Python 的功能和工具集。这为开发人员提供了更多选择和便利，以满足各种需求。

6.4 文本文件操作案例

本节将通过一些"词频分析"案例来演示如何读取、写入和处理文本文件。"词频分析"是一种统计方法，用于确定文本中单词出现的频率。当读者面对一篇文章或一段文本时，它可以帮助读者了解文本的核心内容、主题和作者的写作风格。此外，需要对网络信息进行自动检索和整理时，也会遇到类似的挑战。这就是"词频分析"问题，它在文本处理和信息检索中发挥着重要作用。

6.4.1　英文词频分析

在思考词频统计问题时，可以将其视为一种简单的累加任务。对于给定文档中的每个词汇，都创建一个计数器，每次该词汇出现，计数器加 1。如果将词汇作为键，计数器作为值，将它们组织成键-值对形式的字典，那么这个问题就会变得相对简单。

Python 官网针对初学者写了 *Python For Beginners* 这篇文章，复制文章内容并保存为 python.txt，本节以此作为案例进行词频分析，全文可以从 python.org/about/gettingstarted/获取。

步骤 1：读取文本文件：从文件中读取英文文本。这一步使用 Python 内置的 open()函数来打开文件，并使用 read()方法读取文件内容。

步骤 2：预处理文本：在进行词频分析之前，需要对文本进行一些预处理。去除特殊字符，特殊字符主要包括标点符号和其他非英文字符。将所有字母转换为小写，使用 lower()函数，避免将单词的大小写形式分别计数。将文本分割成单词，单词之间用空格分隔。

步骤 3：统计词频：使用字典来统计每个单词在文本中出现的次数。遍历每个单词，并将其作为键存储在字典中。如果字典中已经存在该单词，则将其对应的值加 1。否则，在字典中添加该单词，并将其对应的值设置为 1。

步骤 4：排序结果：可以根据单词出现的次数对结果进行排序。这个操作可以使用字典的 sort()方法来实现，也可使用 sorted()函数来实现，指定排序条件为单词出现的次数。

步骤 5：输出结果：根据具体需求，可以选择输出所有单词及其出现次数，或者只输出前几个出现次数最多的单词。

示例代码如下：

```
# 读取文本文件
text = open("python.txt", "r").read()

# 预处理文本
for ch in '# $ % & ( ) * + , - . : ; < = > ? @ [\] ^ {}':
    text = text.replace(ch, " ")
text = text.lower()
words = text.split()

# 统计词频
counts = {}
for word in words:
    counts[word] = counts.get(word, 0) + 1
```

```
# 排序结果
items = list(counts.items())
items.sort(key=lambda x: x[1], reverse=True)

# 输出结果
for i in range(10):
    word, count = items[i]
    print(f"{word}: {count}")
```

上述代码中，首先使用 read()函数读取文本文件，然后进行预处理文本，将一些特殊字符去除并将所有字母转化为小写，接下来采用字典类型对单词出现次数进行统计，最后将单词按照出现频率进行排序输出。运行程序结果如下，输出出现频次最高的 10 个单词。

```
the: 21
a: 19
python: 18
you: 18
to: 14
for: 12
and: 12
of: 12
is: 10
if: 8
```

结果中的一些词汇，如 the、a、you、and 等。在文本中频繁出现，但它们并没有太多独特的信息。这些词汇被称为停用词，它们通常在文本分析中被视为噪声，因为它们不会帮助我们理解文本的主要内容或主题，因而需要排除。

只需准备一个包含常见停用词的集合，将此前构造的用于统计词频的字典过滤这个集合中的单词。以下是修改后的示例代码。

```
# 读取文本文件
text = open("python.txt", "r").read()

# 预处理文本
for ch in '# $ % & () * + , - . : ; < = > ? @ [\] ^ {}':
    text = text.replace(ch, " ")
text = text.lower()
words = text.split()

# 统计词频
counts = {}
for word in words:
    counts[word] = counts.get(word, 0) + 1

# 过滤停用词
```

```
stop_words = {"the", "a", "you", "and", "of", "is"}
for word in stop_words:
    del(counts[word])

# 排序结果
items = list(counts.items())
items.sort(key=lambda x: x[1], reverse=True)

# 输出结果
for i in range(10):
    word, count = items[i]
    print(f"{word}: {count}")
```

去除停用词后的结果如下，可见输出的结果中依然存在无意义的单词，可以选择继续丰富停用词列表。

```
python: 18
to: 14
for: 12
if: 8
information: 6
looking: 5
on: 5
there: 5
be: 4
about: 4
```

以上便是英文词频分析的一个简单实现。在实际的英文词频分析过程中，会遇到一个常见的问题，即同一个单词由于时态、人称等原因出现多种形式。例如，动词"run"可能会出现为"run""ran""running"等形式。这种情况可能会干扰分析，因为这些变体实际上代表着相同的词汇，但在分析中它们被视为不同的词。

6.4.2　使用 jieba 库的中文词频分析

中文词频分析比英文困难许多，因为英文文本可以通过空格或者连字符分隔，而中文文本之间缺少分隔符。这是中文及类似语言特有的分词问题。例如，"数据结构是计算机专业的基础课程"，分词后可以得到"数据结构""是""计算机""专业""的""基础""课程"这一系列词语，也可能是"数据""结构""是""计算机专业""的""基础课程"。

jieba 是一个流行的中文分词库，它提供了三种分词模式：精确模式、全模式和搜索引擎模式。精确模式会尽可能精确地切分文本，适用于大多数情况。全模式则会扫描所有可能的词语，适用于文本分析。搜索引擎模式则在精确模式的基础上，对长词再次切分，提高召回率，适用于搜索引擎分词。

jieba 库是第三方库，需要通过 pip(Python 的包管理器)指令安装。pip 安装命令如下：

```
pip install jieba
```

表 6-2 列出了 jieba 库中一些常用的函数及其简要描述。

表 6-2　jieba 库常用函数及其说明

函　数	说　明
jieba.cut(text)	精确模式，返回可迭代的 generator
jieba.cut(text,cut_all=True)	全模式，返回可迭代的 generator
jieba.cut_for_search(text)	搜索引擎模式，返回可迭代的 generator
jieba.lcut(text)	精确模式，返回 list 类型的分词结果
jieba.lcut(text,cut_all=True)	全模式，返回 list 类型的分词结果
jieba.lcut_for_search(text)	搜索引擎模式，返回 list 类型的分词结果
jieba.add_word(word)	向分词词典中增加一个词
jieba.del_word(word)	从分词词典中删除一个词

表 6-2 覆盖了从基本分词到关键词提取和词性标注等多种功能。通过这些函数，可以处理多种复杂的中文文本分词需求。示例如下：

```
>>> import jieba
>>> text = "数据结构是计算机专业的基础课程"
>>> seg_list = jieba.cut(text)
>>> "/".join(seg_list)
'数据结构/是/计算机专业/的/基础/课程'
>>> jieba.lcut(text)
['数据结构', '是', '计算机专业', '的', '基础', '课程']
>>> jieba.lcut(text, cut_all=True)
['数据', '数据结构', '结构', '是', '计算', '计算机', '计算机专业', '算机', '专业',
'的', '基础', '基础课', '课程']
>>> jieba.lcut_for_search(text)
['数据', '结构', '数据结构', '是', '计算', '算机', '专业', '计算机', '计算机专业',
'的', '基础', '课程']
```

下面举例使用 jieba 库对稍长的文本进行中文词频分析。以来自维基百科的"Python"文本为例，约 2 万字，可在 zh.wikipedia.org/wiki/Python 获取。使用 jieba 库分词后的词频统计方法与上一节的英文词频统计类似。示例代码如下：

```
import jieba

# 读取文件内容
text = open("text.txt", "r", encoding='utf-8').read()
```

```
# 使用 jieba 进行分词
words = jieba.lcut(text)

# 统计词频
counts = {}
for word in words:
    # 排除单个字符的分词结果，包括标点符号
    if len(word) == 1:
        continue
    else:
        counts[word] = counts.get(word, 0) + 1

# 排序结果
items = list(counts.items())
items.sort(key=lambda x: x[1], reverse=True)

# 输出结果
for i in range(10):
    word, count = items[i]
print(f"{word}: {count}")
```

运行程序结果如下(输出出现频次最高的 10 个词语)：

```
Python: 306
一个: 128
函数: 84
对象: 84
语句: 83
使用: 76
可以: 69
类型: 66
表达式: 60
支持: 57
```

与英文词频统计类似，输出的结果中出现了一些无明显意义的词语，可以在排序结果前过滤这些词语。此部分代码如下：

```
# 过滤无意义词语
excludes = {"一个", "可以", "使用", "这个", "名字", "__"}
for word in excludes:
    del(counts[word])
```

过滤后的输出结果如下：

```
Python: 306
函数: 84
对象: 84
语句: 83
```

类型：66
表达式：60
支持：57
模块：51
代码：45
提供：44

6.4.3 使用 wordcloud 库的文本渲染

wordcloud 是一个用于生成"词云"图形的第三方库。词云是一种视觉表示方式，它将文本中的单词按照频率或重要性显示，通常出现频率更多的单词在词云中显得更大，通常用于展示关键词、热点词汇等。

pip 安装命令如下：

```
pip install wordcloud
```

由于 wordcloud 库默认不支持中文分词，因此在处理中文文本时，通常需要结合使用 jieba 库来进行分词。由于词云是基于单词频率生成的，正确的分词对于生成有意义的中文词云至关重要。表 6-3 列出了 wordcloud 对象中一些常用的参数及其简要描述。

使用 wordcloud 库生成词云的大致流程如下。

(1) 读取文本文件。

(2) 使用 jieba 库对文本内容进行中文分词。

(3) 定义停用词列表筛选掉无意义的词语。

(4) 创建一个 WordCloud 对象，配置基本参数，参数描述如表 6-3 所示。

(5) 用分词后的文本生成词云。

(6) 将生成的词云保存为图片文件。

表 6-3　wordcloud 对象参数及其说明

参　数	说　明
width	指定词云对象生成图片的宽度，默认 400 像素
height	指定词云对象生成图片的高度，默认 200 像素
min_font_size	指定词云中字体的最小字号，默认 4 号
max_font_size	指定词云中字体的最大字号，根据高度自动调节
font_step	指定词云中字体字号的步进间隔，默认为 1
font_path	指定字体文件的路径，默认 None
max_words	指定词云显示的最大单词数量，默认 200
stop_words	指定词云的排除词列表，即不显示的单词列表
mask	指定词云形状，默认为长方形
background_color	指定词云图片的背景颜色，默认为黑色

下面使用 6.4.2 节的 text.txt 文件的中文文本来举例生成词云。代码如下：

```python
import jieba
from wordcloud import WordCloud

# 读取文件内容
text = open("text.txt", "r", encoding='utf-8').read()

# 使用 jieba 进行中文分词
words = jieba.lcut(text)
filtered_words = [word for word in words if len(word) > 1]

# 分词后的文本需要以空格隔开
seg_text = " ".join(filtered_words)

# 停用词列表
stop_words = ["一个", "可以", "使用", "这个", "名字", "__"]

# 创建词云对象
wordcloud = WordCloud(font_path='C:/Windows/Fonts/simhei.ttf',
                      width=800, height=400,
                      background_color='white',
                      stopwords=stop_words
                      )

# 生成词云
wordcloud.generate(seg_text)

# 保存词云图片到文件
wordcloud.to_file("wordcloud.png")
```

以上代码首先使用 jieba 库对中文文本进行分词处理，然后通过列表推导式筛选单个汉字，因为单个汉字通常不会携带太多独立的信息。过滤后的分词结果被连接成一个由空格分隔的长字符串，这是生成词云所需要的文本格式。

此外代码中定义一个停用词列表 stop_words 去除常见但不太有意义的词汇。随后代码创建了一个 WordCloud 对象，并指定字体路径、图片的宽高、背景颜色和停用词等参数，其中字体路径以微软 Windows 操作系统自带的 simhei 字体举例。使用这个 WordCloud 对象，通过 generate 方法传入处理好的文本，生成词云。最后词云图片被保存为 wordcloud.png 图像文件，如图 6-2 所示。

图 6-2　wordcloud.png 图像

6.5　Excel 文件数据分析案例

本节将介绍如何将 CSV 文件转换为 Excel 文件，可以将原始数据转化为更易于分析的格式。随后通过示例展示利用 numpy 和 pandas 这两个强大的库来读取和处理 Excel 文件，这些库不仅提供了丰富的功能来操作数据，还能高效地处理大规模数据集。

6.5.1　CSV 文件转换为 Excel 文件

首先需要理解 CSV 与 Excel 格式的区别。

CSV(comma-separated values，逗号分隔值)文件是一种简单的文本文件，其中的数据用逗号分隔。CSV 文件易于生成，且被广泛用于数据交换。

Excel 文件(如.xlsx 格式)是一种更复杂的电子表格，支持数据的格式化、公式计算和多种数据类型。

要实现 CSV 到 Excel 的转换，将使用 Python 的 pandas 库。pandas 是一个强大的数据分析工具，可以轻松地处理和转换数据格式。

安装 pandas 库命令如下：

```
pip install pandas
```

下面是一个简单的示例代码，演示如何读取 CSV 文件并将其转换为 Excel 文件。

```
import pandas as pd
```

```
# 读取 CSV 文件
csv_file = 'csvfile.csv'
df = pd.read_csv(csv_file)

# 将 DataFrame 转换为 Excel 文件
excel_file = 'excelfile.xlsx'
df.to_excel(excel_file, index=False)
```

在这个示例中，首先使用 pandas.read_csv 函数读取 CSV 文件，然后利用 DataFrame.to_excel 方法将 DataFrame 对象转换为 Excel 文件。注意：index=False 参数用于防止将行索引作为单独的一列写入 Excel 文件。CSV 文件和 Excel 文件的数据样式如图 6-3 和图 6-4 所示。

```
-,one,two,three
0,1,11,21
1,2,12,22
2,3,13,23
3,4,14,24
```

图 6-3　CSV 文件

	A	B	C	D
1	-	one	two	three
2	0	1	11	21
3	1	2	12	22
4	2	3	13	23
5	3	4	14	24
6				
7				

图 6-4　Excel 文件

6.5.2　使用 numpy 库和 pandas 库读取 Excel 文件

Python 中的 numpy 和 pandas 库不仅提供了强大的数据处理功能，而且能够高效地处理大量数据，是数据科学和数据分析中不可或缺的工具。

- numpy：一个提供多维数组对象及相应操作的库，非常适合进行数值运算。
- pandas：基于 numpy 构建的库，提供了易用的数据结构和数据分析工具，尤其擅长处理表格数据。

可以通过以下命令安装：

```
pip install numpy
pip install pandas
```

pandas 提供了一个非常方便的函数 read_excel，可以直接读取 Excel 文件。读取 Excel 文件的示例代码如下：

```
import pandas as pd

# 指定 Excel 文件的路径
excel_file = 'excelfile.xlsx'

# 使用 pandas 的 read_excel 函数读取文件
```

```
df = pd.read_excel(excel_file)
# 显示前几行数据
print(df.head())

# 使用 index_col 参数指定行索引
df = pd.read_excel(excel_file, index_col=0)        # 使用第一列作为行索引
print(df)
df = pd.read_excel(excel_file, index_col=1)        # 使用第二列作为行索引
print(df)

# 使用 header 参数指定列索引
df = pd.read_excel(excel_file, header=0)           # 使用第一行作为列索引
print(df)
df = pd.read_excel(excel_file, header=1)           # 使用第二行作为列索引
print(df)

# 使用 usecols 参数指定读取列
df = pd.read_excel(excel_file, usecols=[1])        # 指定读取第二列
print(df)
df = pd.read_excel(excel_file, usecols=[0,2])      # 指定读取第一列和第三列
print(df)
df = pd.read_excel(excel_file, usecols=[0,1,2])    # 指定读取前三列
print(df)

# 输出第三行第二列的内容
df = pd.read_excel(excel_file, header=0, usecols=[1])
# 先选择指定读取第二列的数据
print(df.iloc[2,0]) # iloc[2,0]中，第一个参数 2 读取 0, 1, 2 行索引中第三行的数据
# 第二个参数 0 是选择 DataFrame 对象中的数值

# 输出第三行第二列的内容
df = pd.read_excel(excel_file)
print(df.iloc[2,1]) # iloc[2,1]用于读取第三行第二列的数据

# 输出第三行的内容
df = pd.read_excel(excel_file)
print(df.iloc[2,:].values) # iloc[2,:]用于读取第三行的数据，values 将
DataFrame 转化为 NumPy 类型输出

# 输出第二列的内容
df = pd.read_excel(excel_file)
print(df.iloc[:,1].values) # iloc[:,1]用于读取第二列的数据

# 输出指定区间行列内容
df = pd.read_excel(excel_file)
print(df.iloc[2:4,1:3].values)
# iloc[2:4,1:3]用于读取第三、四行和第二、三列的区间中的数据
```

在这个示例中，read_excel 函数用于加载 Excel 文件，而 df.head()则用于显示 DataFrame 的前几行数据，以便快速查看数据内容。

运行结果如下：

```
   -  one  two  three
0  0    1   11     21
1  1    2   12     22
2  2    3   13     23
3  3    4   14     24
     one  two  three
-
0    1   11     21
1    2   12     22
2    3   13     23
3    4   14     24
   -  two  three  one
1  0   11     21
2  1   12     22
3  2   13     23
4  3   14     24
   -  one  two  three
0  0    1   11     21
1  1    2   12     22
2  2    3   13     23
3  3    4   14     24
     0   1   11   21
0   1   2   12   22
1   2   3   13   23
2   3   4   14   24
   one
0    1
1    2
2    3
3    4
   -  two
0  0   11
1  1   12
2  2   13
3  3   14
   -  one  two
0  0    1   11
1  1    2   12
2  2    3   13
3  3    4   14
3
3
```

```
[ 2  3 13 23]
[1 2  3  4]
[[  3 13]
 [  4 14]]
```

一旦数据被加载到 pandas 的 DataFrame 中，就可以利用 numpy 和 pandas 提供的强大功能进行各种数据处理操作，例如数据清洗、数据转换和统计分析等。

1. 基本操作示例

示例代码如下：

```python
# 使用 numpy 进行一些基本的数值运算
import numpy as np
import pandas as pd

excel_file = './excelfile.xlsx'
df = pd.read_excel(excel_file)

# 计算某列的最大值
max_value = np.max(df['one'])

# 计算某列的最小值
min_value = np.min(df['three'])

# 计算某列的平均值
average_value = np.mean(df['two'])

# 计算某列的标准差
std_value = np.std(df['three'])

# 计算某列的方差
var_value = np.var(df['one'])

# 输出结果
print("最大值：", max_value)
print("最小值：", min_value)
print("平均值：", average_value)
print("标准差：", std_value)
print("方 差：", var_value)
print(df.loc[:, 'one'])   # 读取 one 列索引
print(df.loc[df['two'] > 11, 'one'])   # 通过筛选 two 大于 11 后，读取 one 列索引
```

运行结果如下：

```
最大值： 4
最小值： 21
平均值： 12.5
标准差： 1.118033988749895
```

```
方 差: 1.25
0    1
1    2
2    3
3    4
Name: one, dtype: int64
1    2
2    3
3    4
Name: one, dtype: int64
```

2. 缺失数据基本案例

data.csv 文件的内容如下：

```
姓名,数学,英语,科学
Alice,85,,78
Bob,70,80,
Charlie,95,85,92
David,,90,88
Eve,88,85,91
Eve,88,85,91
```

示例代码如下：

```
df = pd.read_csv('./data.csv')

# 按行删除含有缺失值的数据
df.dropna(axis=1)
print(df)
# 按列删除含有缺失值的数据
df.dropna()
print(df)
```

输出结果如下：

```
姓名,数学,英语,科学    # 按行删除含有缺失值的数据
Charlie,95.0,85.0,92.0
Eve,88.0,85.0,91.0
Eve,88.0,85.0,91.0

姓名        # 按列删除含有缺失值的数据
Alice
Bob
Charlie
David
Eve
Eve
```

按照常见方法填充数据，代码如下：

```
# 按平均值填充缺失值
df.fillna(df.mean(numeric_only=True,skipna=True))
print(df)

# 按最大值填充缺失值
df.fillna(df.max())
print(df)

# 按最小值填充缺失值
df.fillna(df.min())
print(df)
```

输出结果如下：

```
姓名,数学,英语,科学  # 按平均值填充缺失值
Alice,85.0,85.0,78.0
Bob,70.0,80.0,88.0
Charlie,95.0,85.0,92.0
David,85.2,90.0,88.0
Eve,88.0,85.0,91.0
Eve,88.0,85.0,91.0

姓名,数学,英语,科学  # 按最大值填充缺失值
Alice,85.0,90.0,78.0
Bob,70.0,80.0,92.0
Charlie,95.0,85.0,92.0
David,95.0,90.0,88.0
Eve,88.0,85.0,91.0
Eve,88.0,85.0,91.0

姓名,数学,英语,科学  # 按最小值填充缺失值
Alice,85.0,80.0,78.0
Bob,70.0,80.0,78.0
Charlie,95.0,85.0,92.0
David,70.0,90.0,88.0
Eve,88.0,85.0,91.0
Eve,88.0,85.0,91.0
```

相同行数据去重，输出结果如下：

```
# 数据去重
df.drop_duplicates()
print()
```

输出结果如下：

```
姓名,数学,英语,科学
```

```
Alice,85.0,,78.0
Bob,70.0,80.0,
Charlie,95.0,85.0,92.0
David,,90.0,88.0
Eve,88.0,85.0,91.0
```

本 章 小 结

本章介绍了文件读写流程，包括打开文件、读/写文件和关闭文件。通过词频分析案例介绍如何使用 jieba 和 wordcloud 库，通过 CSV 格式、Excel 格式、Html 格式和 JSON 格式等文件格式的数据处理介绍如何使用 Pandas 库的 DataFrame 工具等。

课 后 习 题

一、选择题

1. 在 Python 中，如果文件不存在，以下(　　)模式抛出异常。

　　A. 'r'　　　　　　B. 'w'　　　　　　C. 'a'　　　　　　D. 'x'

2. 使用'read(size=None)'读取文件时，默认读取的是(　　)。

　　A. 指定行数　　B. 指定字节数　　C. 整个文件　　　D. 文件的开头

3. UTF-8 编码的特点是(　　)。

　　A. 只能编码 ASCII 字符　　　　　B. 使用 8 位字节编码所有字符

　　C. 使用 1～4 个字节编码字符　　　D. 无法表示 Unicode 字符

4. 在 Python 中，如果要从一个模块中引入特定的函数，应该使用(　　)语法。

　　A. 'import 模块名'　　　　　　B. 'from 模块名 import 函数名'

　　C. 'import *'　　　　　　　　　D. 'import 函数名'

5. 如何使用 pandas 读取 Excel 文件，并指定工作表 Sheet2？

　　A. pd.read_excel('file.xlsx')　　　　B. pd.ExcelFile('file.xlsx')

　　C. pd.load_excel('file.xlsx')　　　　D. pd.read_excel('file.xlsx', sheet_name='Sheet2')

6. 以下关于 Python 文件的描述，错误的选项是(　　)。

　　A. readlines()函数读入文件内容后返回一个列表，元素划分依据是文本文件中的换行符

　　B. read()函数一次性读入文本文件的全部内容后，返回一个字符串

　　C. readline()函数读入文本文件的一行，返回一个字符串

　　D. 二进制文件和文本文件都是可以用文本编辑器编辑的文件

7. 在词频分析中，以下( )方法可以用于统计每个单词的出现次数。

    A. list()   B. dict.get()   C. set()   D. sort()

8. 在 pandas 中，如何根据条件更新某列的值？( )

    A. df.loc[df['column_name'] > 10, 'column_name'] = new_value

    B. df['column_name'].where(df['column_name']>10,new_value, inplace=True)

    C.df['column_name']=df['column_name'].mask(df['column_name']>10, new_value)

    D. df.update({'column_name': new_value})

9. 如何在分词后直接返回列表？( )

    A. list(jieba.cut("我爱 Python"))   B. jieba.cut("我爱 Python").tolist()

    C. jieba.lcut("我爱 Python")   D. jieba.cut_to_list("我爱 Python")

10. 在 pandas 中，如何将字符串列转换为日期格式？( )

    A. pd.to_datetime(df['date_column'])

    B. df['date_column'].astype('datetime64')

    C. pd.to_datetime(df['date_column'], errors='coerce')

    D. df['date_column'].to_date()

11. 下列程序的输出结果是( )。

```
f=open('c:\\out.txt','w+')
f.write('Python')
f.seek(0)
c=f.read(2)
print(c)
f.close()
```

    A. Pyth   B. Python   C. Py   D. th

12. 下列程序的输出结果是( )。

```
f=open('f.txt','w')
f.writelines(['Python programming.'])
f.close()
f=open('f.txt','rb')
f.seek(10,1)
print(f.tell())
```

    A. 1   B. 10   C. gramming   D. Python

13. 下列代码的输出是( )。

```
import pandas as pd
data = {'A': [10, 20, 30], 'B': [5, 15, 25]}
df = pd.DataFrame(data)
df['C'] = df['A'] + df['B']
print(df['C'].sum())
```

　　A. 45　　　　　　B. 105　　　　　　C. 75　　　　　　D. 60

14. 下列代码的输出是(　　)。

```
import jieba
text = "我爱学习 Python 数据分析"
words = jieba.lcut(text)
result = " ".join(words)
print(result)
```

　　A. 我 爱 学习 Python 数据 分析

　　B. 我爱 学习 Python 数据分析

　　C. 我爱学习 Python 数据分析

　　D. 我 爱 学习 Python 数据 分析 分词

15. 以下代码的作用是(　　)。

```
import pandas as pd
df = pd.read_excel('data.xlsx')
df['New_Column'] = df['Column1'] * df['Column2'] / 100
df.to_excel('result.xlsx', index=False)
```

　　A. 将 Column1 与 Column2 的乘积结果添加到 New_Column

　　B. 将 Column1 与 Column2 的乘积除以 100 并保存到 New_Column

　　C. 将 Column1 与 Column2 的和除以 100 并保存到 New_Column

　　D. 将 Column1 除以 Column2 并乘以 100 保存到 New_Column

二、填空题

1. 在 Python 中，open()函数的默认模式是_____。

2. 在 pandas 库中，使用_____函数可以将 CSV 文件转换为 Excel 文件。

3. 在 readlines()函数读取文件时，会返回_____。

4. 使用_____函数，可以将一个包含多个字符串的列表写入到文件中。

5. 在文件操作中，使用 with open()语句可以自动_____文件。

6. 在 Jieba 分词库中，使用 jieba.lcut(text, cut_all=True)函数可以以_____模式返回分词结果。

7. example.txt 是一个长 100 字符的文本，下面代码执行完毕后文件指针指向第几个字符_____。

```
with open('example.txt', 'r') as file:
file.seek(13)
file.read(10)
file.seek(7)
file.read(5)
```

8. 下面是一段提取出文本的前三个权重最高关键词的代码，请补全划线处代码 _____。

```
import jieba.analyse
text = "人工智能和机器学习在现代科技中扮演着重要的角色，推动了各行各业的进步。"
keywords =_____
print(keywords)
```

9. 下面是一段 pandas 中将 DataFrame 保存为 CSV 文件同时不保存索引列的代码，请补全划线处代码 _____。

```
import pandas as pd
data = {'Name': ['Alice', 'Bob', 'Charlie'], 'Age': [24, 27, 22]}
df = pd.DataFrame(data)
_____
```

10. 使用 seek()函数时，将文件指针移到末尾可以用 _____ 语句。

三、编程题

1. 编写一个 Python 程序，打开文件 "example.txt"，读取文件的内容并逐行输出。

2. 使用 pandas 库进行以下操作：读取 Excel 文件 "data.xlsx"，并打印前 5 行数据。尝试进行以下操作：选择"姓名"列作为行索引、读取第 3 列到第 5 列的数据、按行删除含有缺失值的数据、按平均值填充缺失值。

3. 编写程序统计 text.txt 文件中每个单词的出现次数，并按频率从高到低输出前 10 个单词。

4. 编写程序，将给定文本文件中的所有单词转换为小写，并将其写入一个新的文件。

5. 使用 Jieba 库编写程序，对中文文本进行分词，并统计每个词语出现的频率。

6. 随机生成学生的成绩并添加到 Excel 文件(包含 3 列：姓名、课程、成绩)中，同时统计所有学生每门课程的最高成绩。

微课视频

扫一扫，获取本章相关微课视频。

| 6.1 基本概念 | 6.2 文件操作 | 6.3 Python 程序结构 | 6.4 文本文件操作案例 | 6.5 Excel 文件数据分析案例 |

第 7 章

数据可视化

【学习目标】

- 了解数据可视化的概念及 Matplotlib 在数据可视化处理中的应用。
- 掌握线型图、饼图、堆叠条形图的绘制方法。
- 了解二维直方图、热力图的应用场景及绘制方法。
- 学习如何定制线条样式、调整图表标签、添加图例以提高图表的可读性。

7.1 数据可视化与 Matplotlib

数据可视化不仅能够将复杂的数据集转化为直观、易于理解的图形,而且通过有效的可视化展示,描述数据的潜在模式、趋势和异常值等。

7.1.1 数据可视化的概念

数据可视化是一门艺术和科学,它通过将数据转换成图形和图像来揭示隐藏在数据背后的信息、模式和趋势。在如今这个数据驱动的时代,存在着海量的数据。从社交媒体的点滴到全球经济的大趋势,数据无处不在,也无时不在影响着决策和生活。然而数据本身往往是冷冰冰的数字,缺乏直观性,这就是数据可视化发挥作用的地方。通过有效的可视化,不仅能够更快地理解数据,还能发现数据中未曾被注意到的新趋势和模式。

要进行有效的数据可视化,流程通常包括明确目标、准备数据、选择合适的图表类型、设计和实现图表等步骤。每一步都至关重要,从确保数据的准确性和完整性到选择最能传达信息的图表类型,再到利用颜色、形状等视觉元素增强图表的表现力,这一系列过程共同作用,创建出既美观又富有洞察力的可视化作品。

7.1.2 Matplotlib 简介

Matplotlib 是 Python 中一个广泛使用的数据可视化库,核心是 matplotlib.pyplot 模块,提供了一系列绘图函数。Matplotlib 提供了大量的绘图对象,例如线条、文本、标签和图例等,以及丰富的定制选项,包括颜色、样式、布局等,可以根据需要调整。

Matplotlib 的另一个优点是可扩展性。如果内置的图表类型和定制选项无法满足你的需求,可以通过创建自定义的绘图类或函数来扩展 Matplotlib 的功能。而且,Matplotlib 社区非常活跃,提供了大量的第三方包,这些包扩展了 Matplotlib 的功能,能够覆盖几乎所有的图表类型和可视化需求。

在命令行终端输入 pip 命令,pip 会自动安装或更新 Matplotlib 的依赖包。

```
pip install matplotlib
```

安装完成后，编写以下代码进行测试，以验证 Matplotlib 是否正确安装。

```
import numpy as np
import matplotlib.pyplot as plt
# 也可以写成：from matplotlib import pyplot as plt
# 定义数据：
x = np.linspace(0, 10, 25)  # 返回从 0～10 的 25 个均匀间隔的数字
y = np.sin(x)               # 纵坐标取 x 对应的正弦值

# 绘制图形
plt.plot(x, y)
plt.show()
```

如图 7-1 所示，如果能看到一个窗口显示了一条函数曲线，那就意味着 Matplotlib 已经正确安装。

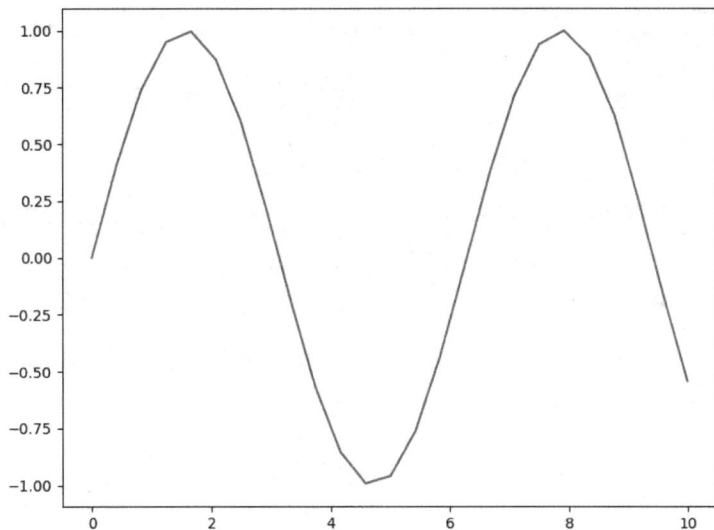

图 7-1　测试 Matplotlib 可用

7.2　使用 Matplotlib 绘制图表

从一些基本的图表绘制开始学习，如线型图、条形图和散点图，随着技能的提升，还可以制作更复杂的图表，如饼图、堆叠条形图、二维直方图和热力图等。

7.2.1 简单图表绘制

简单图表，如线型图、饼图和堆叠条形图，是数据可视化中最常用也最易于理解的图表类型。它们可以直观地展示数据的趋势、分布和关系。

线型图(Line Plots)通常用于显示随时间变化的数据点以及观察趋势。绘制线型图可以通过 pyplot 接口的 plot 函数实现。示例代码如下：

```python
import matplotlib.pyplot as plt

# 假设有一组随时间变化的数据
time = [1, 2, 3, 4, 5]
values = [1, 2, 4, 8, 16]
plt.plot(time, values)
plt.title('Simple Line Plot')
plt.xlabel('Time')
plt.ylabel('Value')
plt.grid(True)
plt.show()
```

图 7-2 是运行以上代码后的绘制效果。time 与 values 两列表分别包含时间点和对应数值，plt.plot(time, values)函数将这些数据点绘制成一条线，其中 time 为 x 轴数据，values 为 y 轴数据。plt.title(Simple Line Plot)为图表设置标题。plt.xlabel(Time)和 plt.ylabel(Value)分别定义 x 轴和 y 轴的标签。plt.grid(True)开启网格线，便于读取数据点位置。plt.show()负责显示图表，使配置的图表可视化展示。这种类型的图形常用于分析和展示时间相关数据的发展趋势，有助于快速识别数据的增长或下降模式。

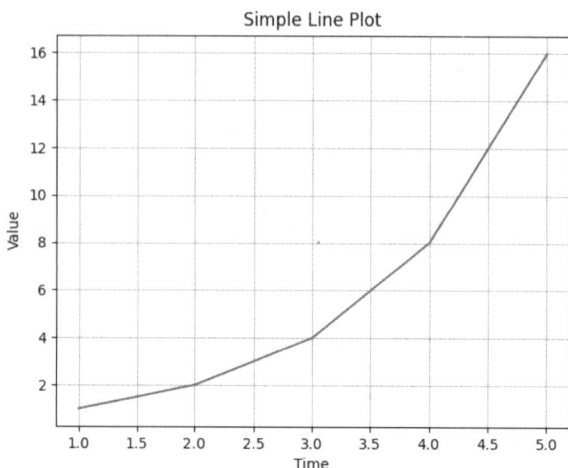

图 7-2 简单线型图绘制

条形图(Bar Charts)适用于比较不同类别的数据大小。条形图可以通过 bar 函数来绘制。示例代码如下：

```python
import matplotlib.pyplot as plt

# 假设要比较不同商品的销量
products = ['Product A', 'Product B', 'Product C']
sales = [50, 80, 60]

# 使用bar函数绘制条形图
plt.bar(products, sales)
plt.title('Simple Bar Chart')
plt.xlabel('Products')
plt.ylabel('Sales')
plt.show()
```

上述代码通过 plt.bar(products, sales)函数绘制条形图，对比不同商品的销量。products 列表包含商品名称，sales 列表包含相应的销售数据，函数根据这些数据在图表中生成相应的条形。plt.xlabel(Products)和 plt.ylabel(Sales)分别为图表的 x 轴和 y 轴添加标签，分别表示商品和销售额。运行以下代码，绘制效果如图 7-3 所示。

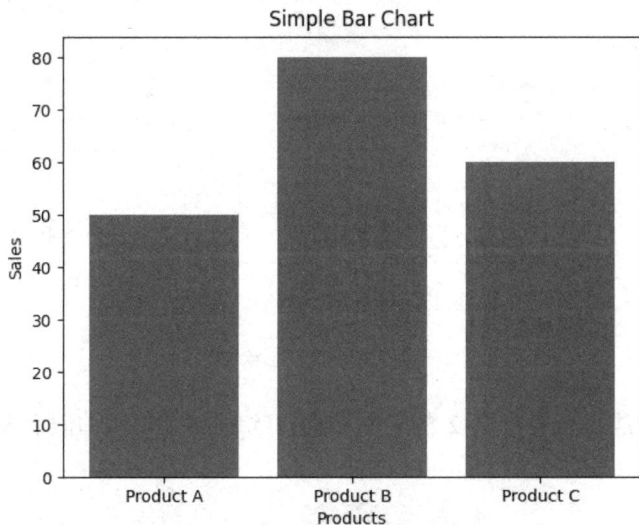

图 7-3　简单条形图绘制

散点图(Scatter Plots)常用来观察两个变量之间的关系。scatter 函数用于创建散点图。示例代码如下：

```python
import matplotlib.pyplot as plt

# 假设探索两组数据之间的关系
x = [5, 7, 8, 5, 6, 7, 9, 2, 3, 4, 4, 4]
```

```
y = [99, 86, 87, 88, 100, 86, 103, 87, 94, 78, 77, 85]

# 使用scatter函数绘制散点图
plt.scatter(x, y)
plt.title('Simple Scatter Plot')
plt.xlabel('X Value')
plt.ylabel('Y Value')
plt.show()
```

运行上述代码将显示 x 值和 y 值之间的散点图。plt.scatter(x, y)函数接收两个列表 x 和 y 作为参数，分别代表散点图中每个点的 x 轴和 y 轴坐标，从而在图表上绘制相应的点。plt.title(Simple Scatter Plot)设置图表的标题为"Simple Scatter Plot"。plt.xlabel(X Value)和 plt.ylabel(Y Value)分别为 x 轴和 y 轴添加标签，明确各个轴代表的变量。通过 plt.show()函数调用，图表被渲染并显示出来。运行以上代码，代码的绘制效果如图 7-4 所示。

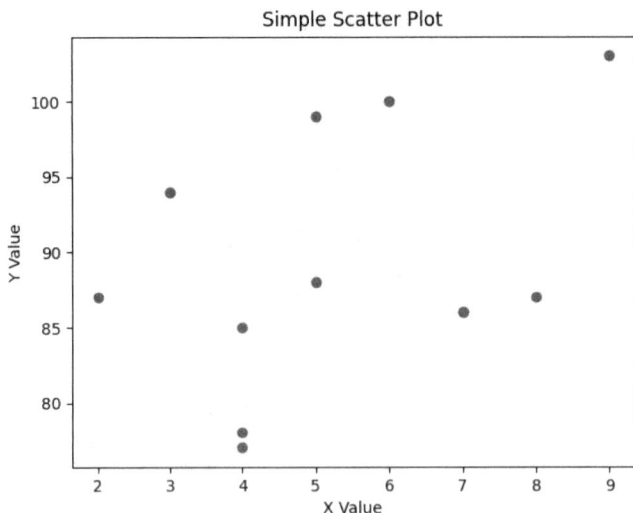

图 7-4　简单散点图绘制

使用 subplot()方法，在一个 2×2 的子图布局中绘制 4 个不同的散点图，以便同时对比不同的数据模式。

```
import matplotlib.pyplot as plt
import numpy as np

np.random.seed(0)                  # 为保证每次运行结果一致，固定随机种子
plt.figure(figsize=(10, 8))        # 创建画布并设置大小

# 第一组数据(正态分布)：均值loc，标准差scale，50个点
x1 = np.random.normal(loc=0, scale=1, size=50)
y1 = np.random.normal(loc=5, scale=1.5, size=50)
# 第二组数据(均匀分布)：范围[0,10]的均匀分布，50个点
```

```
x2 = np.random.uniform(0, 10, 50)
y2 = np.random.uniform(0, 10, 50)
# 第三组数据(线性分布 + 正态噪声): 范围[0,10]的线性分布加噪声, 50 个点
x3 = np.linspace(0, 10, 50) + np.random.randn(50)
y3 = np.linspace(0, 5, 50) + np.random.randn(50)
# 第四组数据(整数随机分布): 范围[0,5)的随机整数, 50 个点
x4 = np.random.randint(0, 5, 50)
y4 = np.random.randint(0, 5, 50)

# 子图1: 2 行 2 列, 位置 1, 红色圆形散点
plt.subplot(2, 2, 1)
plt.scatter(x1, y1, c='red', marker='o', s=80, alpha=0.7, edgecolors='k')
plt.title("subplot(2,2,1)")   # 设置子图标题
# 子图2: 2 行 2 列, 位置 2, 绿色三角形散点
plt.subplot(2, 2, 2)
plt.scatter(x2, y2, c='green', marker='^', s=60, alpha=0.6,
edgecolors='k')#
plt.title("subplot(2,2,2)")
# 子图3: 2 行 2 列, 位置 3, 蓝色方形散点
plt.subplot(2, 2, 3)
plt.scatter(x3, y3, c='blue', marker='s', s=100, alpha=0.5,
edgecolors='k')
plt.title("subplot(2,2,3)")
# 子图4: 2 行 2 列, 位置 4, 橙色菱形散点
plt.subplot(2, 2, 4)
plt.scatter(x4, y4, c='orange', marker='D', s=80, alpha=0.7,
edgecolors='k')
plt.title("subplot(2,2,4)")

plt.suptitle("Demo: Using subplot()")   # 设置整个图的总标题
plt.tight_layout()                       # 自动调整子图布局, 防止重叠
plt.show()
```

运行上述代码后, 会生成一个 2×2 子图布局的散点图。左上角的子图(subplot(2,2,1))使用 np.random.normal()生成的正态分布数据, 颜色为红色(c='red'), 点的形状是圆形(marker='o'), 带有黑色边框; 右上角的子图(subplot(2,2,2))采用 np.random.uniform()生成均匀分布的数据, 颜色为绿色(c='green'), 形状是三角形(marker='^'); 左下角的子图(subplot(2,2,3))采用 np.linspace()生成线性分布的 x、y 变量, 并添加随机噪声, 颜色为蓝色(c='blue'), 形状为方形(marker='s'); 右下角的子图(subplot(2,2,4))采用 np.random.randint()生成离散整数值的数据, 颜色为橙色(c='orange'), 形状为菱形(marker='D')。代码的绘制效果如图 7-5 所示。

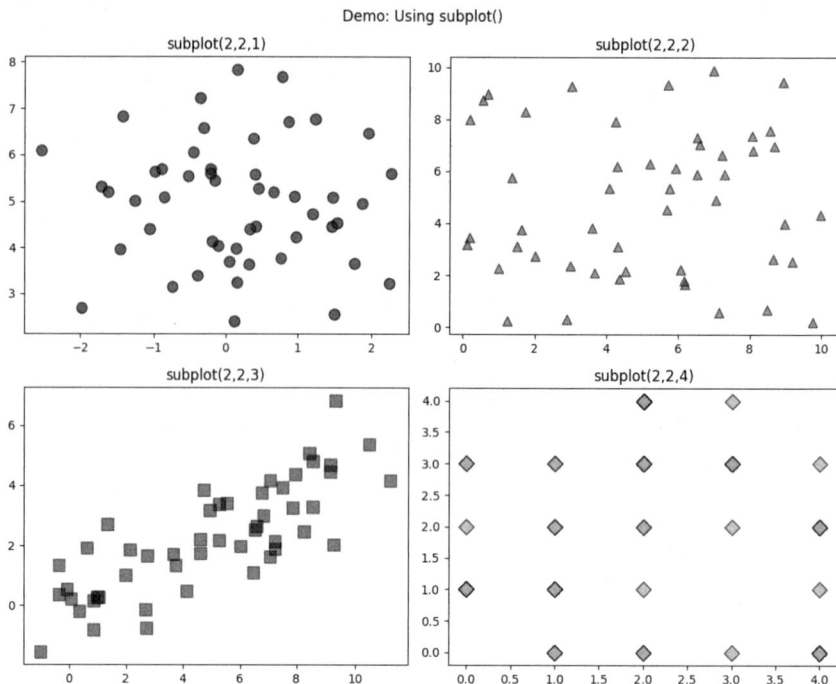

图 7-5　2×2 子图布局绘制散点图

7.2.2　绘制线型图

本节从基本的线型图绘制开始,逐步介绍如何自定义线条样式、添加标记、修改颜色以及如何绘制多条线和阶梯图。

首先,需要准备 x 轴和 y 轴的数据。这里使用 numpy 库生成 25 个点,x 轴的值从 0到 10 等间隔分布,y 轴的值为 sin(x)+x/2。示例代码如下:

```python
import numpy as np
import matplotlib.pyplot as plt
# 数据准备
x = np.linspace(0, 10, 25)   # 创建 25 个点，x 轴的值从 0～10 等间隔分布
y = np.sin(x) + x/2          # y 轴的值由 sin(x) + x/2 计算得到
# 绘制线型图
plt.plot(x, y)               # 使用 plot 函数绘制线型图
plt.show()                   # 显示图形
```

以上代码首先通过 np.linspace(0, 10, 25)创建包含 25 个等间隔数值的数组 x,这些数值从 0～10 分布,用于图表的 x 轴数据。对应的 y 轴数据由表达式 y=np.sin(x)+x/2 计算得出,等于每个 x 值的正弦值与 x 值一半的和。plt.plot(x, y)函数使用这两组数据绘制线型图,其中 x 值和 y 值分别确定图中线条的水平和垂直位置。运行以上代码,绘制效果如图 7-6 所示。

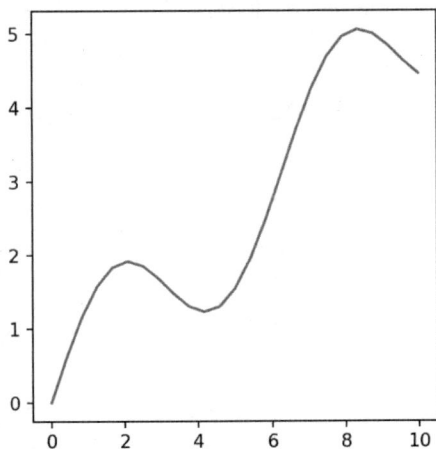

图 7-6　绘制的第一个线型图

　　通过改变 plt.plot()里不同的参数，可以改变线条的颜色、宽度和样式。默认情况下，线条是用实线创建的，但是可以通过 linestyle(或 ls)参数创建虚线(--)、点划线(-.)或点线(:)。示例代码如下：

```
# 自定义颜色和宽度
plt.plot(x, y, color="red", linewidth=4)     # 绘制红色粗线
# 自定义线型
plt.plot(x, y, linestyle="--")               # 绘制虚线
```

　　plt.plot(x, y, color="red", linewidth=4)指定线条为红色，并设置线宽为 4 个单位，可以使线条更加醒目。另一行代码 plt.plot(x, y, linestyle="--")设置线型为虚线。改变参数后的绘制效果，如图 7-7 所示。

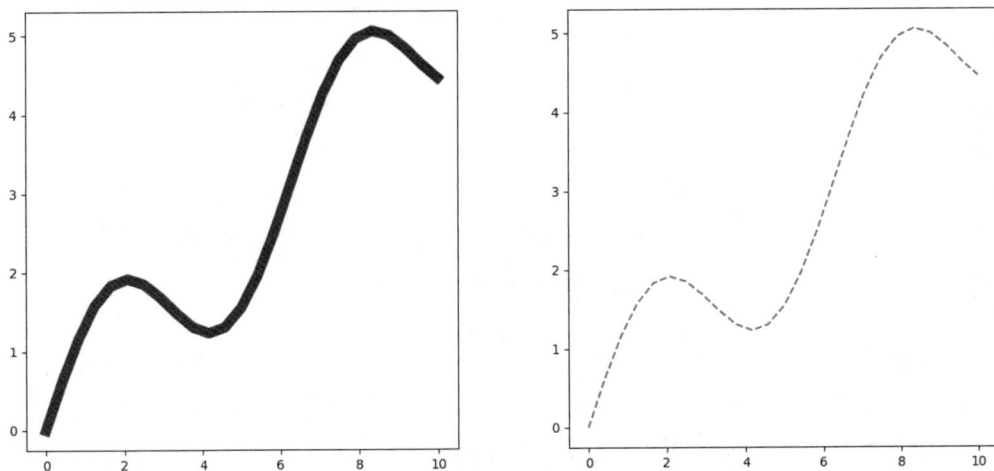

图 7-7　改变线条颜色、宽度与改变线型的线型图

　　通过改变 plt.plot()里不同的参数，可以在数据点上添加不同样式的标记。可以使用

marker 参数为每对坐标添加一个标记，例如使用"○"表示圆圈，"^"表示三角形，"*"表示星形，"d"表示菱形等。此外，还可以使用 markersize 参数来增大或减小标记的大小，markerfacecolor 参数来改变标记的填充颜色，markeredgecolor 参数来自定义标记边缘的颜色。示例代码如下：

```
# 添加标记
plt.plot(x, y, marker='o', markersize=5)  # 绘制带圆形标记的线型图
# 自定义标记：红线，黑色正方形标记
plt.plot(x, y, color='red', marker='s', markerfacecolor='black',
markeredgecolor='black')
```

在第一行代码中，plt.plot(x, y, marker='o', markersize=5)为线型图添加了圆形标记(marker='o')，并设置标记的大小为 5 个单位。这种标记有助于观察者更清楚地识别图中每个数据点的确切位置。

第二行代码中的 plt.plot(x, y, color='red', marker='s', markerfacecolor='black', markeredgecolor='black')进一步自定义了线条和标记的样式。这里指定线条颜色为红色(color='red')，并使用黑色正方形标记(marker='s')。标记的面颜色(markerfacecolor='black')和边缘颜色(markeredgecolor='black')都设置为黑色，使得标记在红色线条上更加突出。改变参数后的绘制效果如图 7-8 所示。

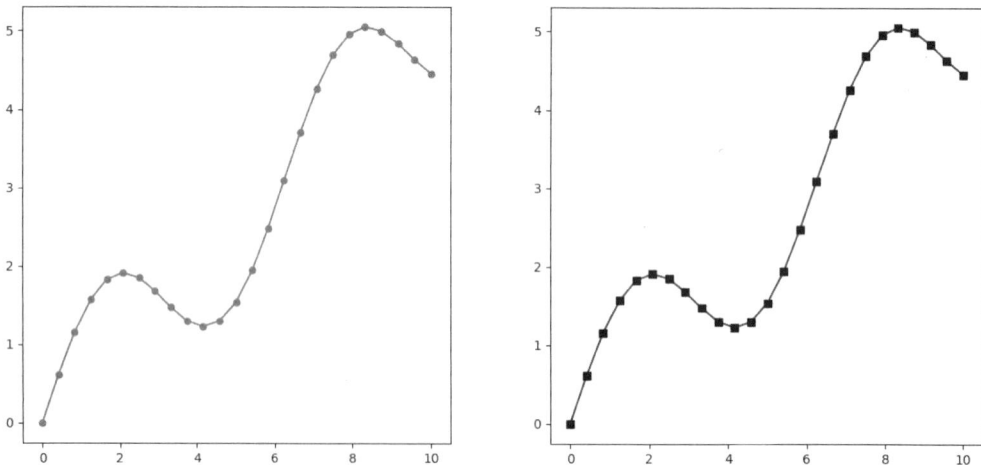

图 7-8　添加圆形标记的图与添加正方形标记的图

函数 plot 提供了一种使用格式字符串(fmt)来设置标记、颜色和线条样式的替代方法。这些字符串的格式如下：fmt = '[marker][line][color]'，其中每个元素都是可选的。在下面的例子中，设置参数为*g-，即星号标记(*)、绿色(g)和连续线(-)。示例代码如下：

```
# 使用格式字符串
plt.plot(x, y, "*g-")  # 星号标记，绿色实线
```

使用格式字符串的绘制效果如图 7-9(左)所示。

在一张图上绘制多条线通常通过多次调用 plot()实现，并使用 legend()函数来显示图例。示例代码如下：

```
import numpy as np
import matplotlib.pyplot as plt
# 数据准备
x = np.linspace(0, 10, 25)  # 准备 x 的值，600 个采样点
y1 = np.sin(x) + x/2        # 定义第一个函数
y2 = np.cos(x) + x/2        # 定义第二个函数
# 绘制线图
plt.plot(x, y1, marker = "o", label = "Sin(x) + x/2")   # 圆形标记
plt.plot(x, y2, marker = "^", label = "Cos(x) + x/2")   # 三角形标记
plt.legend()  # 添加图例
plt.show()
```

y1 和 y2 分别根据 np.sin(x)+x/2 和 np.cos(x)+x/2 计算得到，展示不同数学函数与线性函数结合的结果。plt.plot(x, y1, marker="o", label="Sin(x)+x/2")使用圆形标记(marker="o")突出每个数据点，并通过 label="Sin(x)+x/2"为此线设置图例标签。类似地，plt.plot(x,y2, marker="^",label="Cos(x)+x/2")用三角形标记(marker="^")和相应的图例标签区分第二组数据。plt.legend()函数的作用是在图表中添加图例，自动匹配各线条与其标签，增强图表的可读性。通过 plt.show()函数展示最终图表，呈现两个函数组合效果的对比。运行以上代码，绘制效果如图 7-9(右)所示。

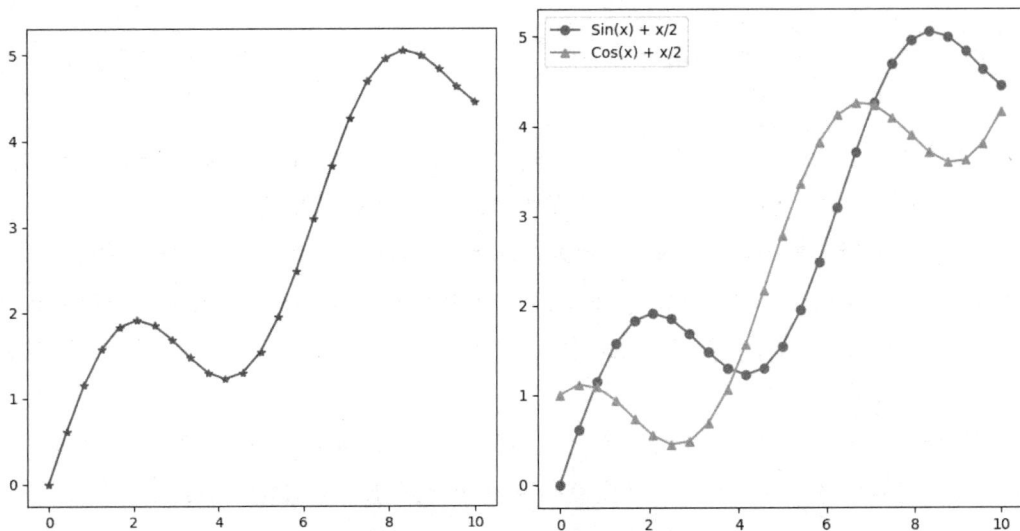

图 7-5　星号标记绿色实线图(左)、一张图上绘制两条线(右)

在学习数学函数的图形时，经常需要在同一坐标系中绘制多个函数，并标注它们的交点。下面的代码示例展示如何绘制两个函数 $y=\sin(x)+2$ 和 $y=x^2-2$ 的图像，并找到它们的交点。代码定义了 x 值的范围，计算出每个函数在这个范围内的 y 值，接着通过图形展示这两个函数，并利用标记明确显示它们的交点位置。

```python
import numpy as np
import matplotlib.pyplot as plt

# 数据准备
x = np.linspace(-2, 3, 600)          # 准备 x 的值，600 个采样点
y1 = np.sin(x) + 2                   # 定义第一个函数
y2 = x**2 - 2                        # 定义第二个函数
# 绘制函数
plt.plot(x, y1, '--', label='$y=sin(x) + 2$')   # 绘制 y1 的曲线，使用虚线
plt.plot(x, y2, '-', label='$y=x^2 - 2$')       # 绘制 y2 的曲线，使用实线
plt.legend()  # 添加图例
# 寻找交点并标注
# np.sign(y1-y2)计算 y1-y2 在每个 x 处的符号
# np.diff 计算相邻元素的差值，如果符号发生变化(交叉)，出现非零值
# np.argwhere 找到变号的位置，.flatten()将结果转换为一维数组
idx = np.argwhere(np.diff(np.sign(y1 - y2))).flatten()
plt.plot(x[idx], y1[idx], 'ro')                  # 标注交点为红色圆点
# 在每个交点旁边显示坐标
for i in idx:
    plt.annotate(f'({x[i]:.2f}, {y1[i]:.2f})',   # 标注交点坐标，保留两位小数
                 (x[i], y1[i]),                  # 标注点的坐标位置
                 textcoords="offset points",     # 文字相对标注点偏移
                 xytext=(0,10),                  # 文字向上偏移 10 个像素
                 ha='center')                    # 文字水平居中
plt.show()
```

上述代码通过 np.linspace(-2, 3, 600)生成一个包含 600 个点的数组 x，这些点从-2 延伸到 3，并定义两个函数 y1=np.sin(x)+2 和 y2=x**2-2。在绘制函数图像部分，plt.plot(x,y1,'--', label='$y=sin(x)+2$')使用虚线绘制 y1 函数，plt.plot(x,y2,'-',label='$y=x^2-2$')使用实线绘制 y2 函数。使用 np.argwhere(np.diff(np.sign(y1-y2))).flatten()找到 y1 和 y2 相交点的索引，这通过计算 y1-y2 的符号变化位置完成，使用 plt.plot(x[idx],y1[idx],'ro')在每个交点位置绘制红色圆点，明确标示交点。

代码使用一个 for 循环，遍历每个交点的索引，使用 plt.annotate 函数在图表中对每个交点的坐标进行注释。注释内容包括交点的 x 和 y 坐标值，格式化为小数点后两位，通过设置偏移量 xytext=(0,10)和水平对齐方式 ha='center'来优化标注的位置。运行以上代码，绘制效果如图 7-10 所示。

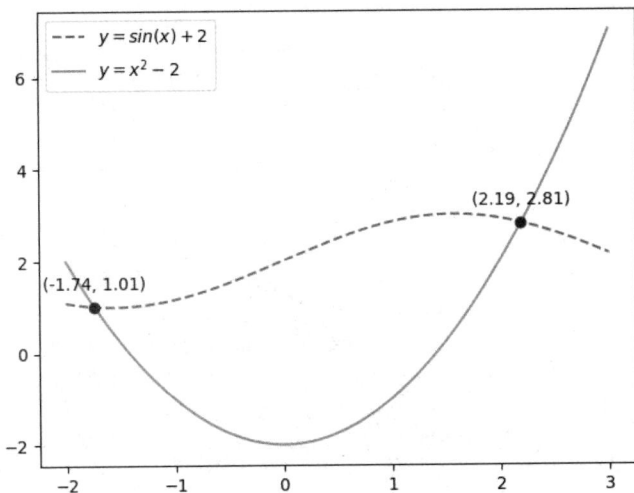

图 7-10　绘制两个函数并标注交点

最后演示如何使用极坐标系来绘制一个花瓣曲线，其公式是 r=5sin(6θ)，这个方程会生成一个有六个花瓣的花瓣曲线。示例代码如下：

```
import numpy as np
import matplotlib.pyplot as plt

# 定义 theta 值
theta = np.linspace(0, 2 * np.pi, 1000)

# 定义 r 的函数，这里的 6 决定了花瓣的数量
r = 5 * np.sin(6 * theta)

# 创建极坐标图形
plt.subplots(subplot_kw={'projection': 'polar'})
#subplot_kw 设置坐标系类型为极坐标
plt.plot(theta, r)
plt.show()
```

上述代码中 theta=np.linspace(0,2*np.pi,1000)生成一个从 0 到 2π 的等间隔数值数组，包含 1000 个点，代表角度变量。这些值用于定义极坐标图中的角度。定义 r=5*np.sin(6*theta)作为半径的函数，其中乘数 6 决定了曲线周期性的变化，即花瓣的数量，可以替换成其他数字。通过 plt.subplots(subplot_kw={'projection': 'polar'})创建一个极坐标的子图，此设置告诉 Matplotlib 将接下来的图形绘制在一个极坐标系中，而非常见的笛卡尔坐标系。使用 plt.plot(theta, r)将定义的角度和半径值绘制成曲线。运行以上代码，绘制效果如图 7-11 所示。

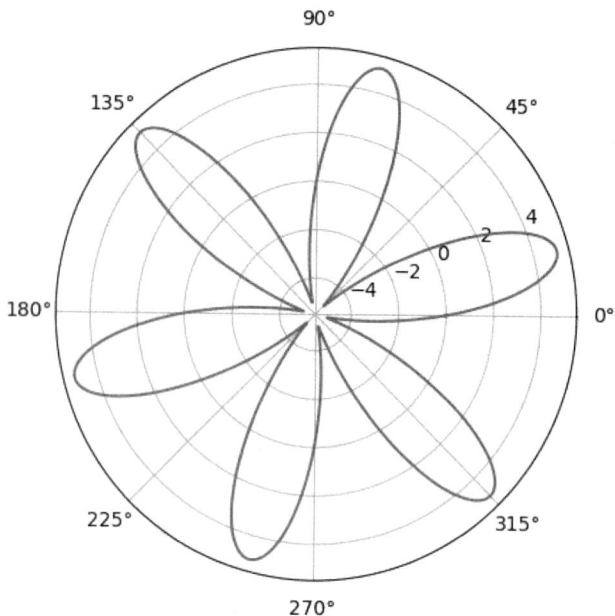

图 7-11 花瓣曲线

7.2.3 绘制饼图

饼图是表示各类别占比的直观方式。从基础的饼图绘制开始，逐步介绍如何进行饼图的自定义，包括改变颜色、样式，添加标签和百分比等。

如果有一组类别或分组及其对应的值，就可以使用 pie 函数创建饼图。将标签和值作为输入传递给函数，以逆时针方向创建饼图。默认情况下，切片间的面积比反映了数值间的比例关系。首先需要创建数据点，并使用这些点绘制基础饼图，再使用 autopct 参数可以显示每个切片的计数或百分比。示例代码如下：

```python
import matplotlib.pyplot as plt
# 数据准备
labels = ["G1", "G2", "G3", "G4", "G5"]
values = [12, 22, 16, 38, 12]
# 绘制饼图
# plt.pie(values, labels=labels)                        # 切片不显示百分比
plt.pie(values, labels=labels, autopct = '%1.1f%%')    # 切片显示百分比
plt.show()  # 显示图形
```

labels 列表包含各个饼图切片的标签，即"G1"、"G2"、"G3"、"G4"、"G5"，而 values 列表包含与这些标签对应的数值，分别为 12、22、16、38、12。在绘制饼图时，使用 plt.pie(values, labels=labels, autopct='%1.1f%%')进行图形的创建。这里的 autopct='%1.1f%%' 参数是用于在饼图的每个切片上显示百分比，格式化为小数点后一位。小数点前面的 1 代

表"希望这个浮点数至少占 1 个字符的宽度(包含小数点和小数部分)";小数点后面的 1 则代表保留 1 位小数。例如,%4.1f%%表示最小宽度是 4 个字符,小数点后保留 1 位。如果要是显示的数字较小(例如,0.7),就会在数值前面补空格,使其满足 4 个字符的占位宽度(例如,输出为" 0.7")。该参数帮助观看者直观地看到每个标签占总量的百分比。plt.show()函数调用显示完成的饼图。运行以上代码,绘制效果如图 7-12 所示。

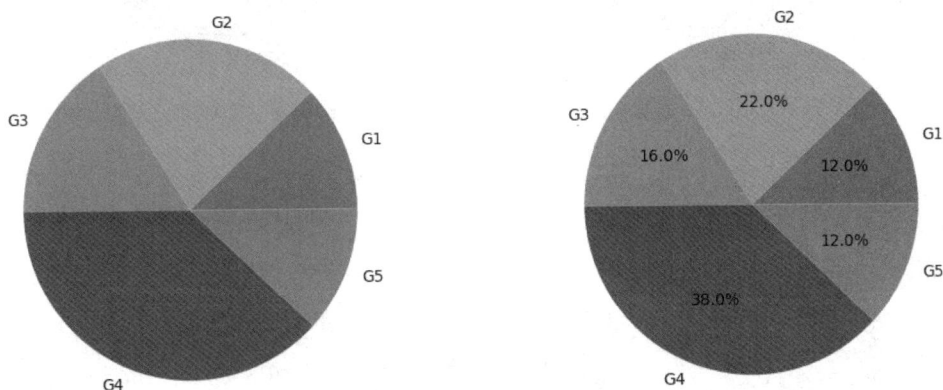

图 7-12 不显示百分比(左)与显示百分比(右)的效果

colors 参数允许自定义每个切片的填充颜色,输入一个有序的颜色数组来更改每个类别的颜色。wedgeprops 参数用来添加边框和自定义边框颜色,并通过字典设置线宽和边框颜色。示例代码如下:

```
import matplotlib.pyplot as plt

# 数据准备
labels = ["G1", "G2", "G3", "G4", "G5"]
value = [12, 22, 16, 38, 12]

#定义切片颜色
colors = ["#B9DDF1", "#9FCAE6", "#73A4CA", "#497AA7", "#2E5B88"]

# 绘制饼图
plt.pie(value, labels = labels, colors = colors, autopct = '%1.1f%%',
        wedgeprops = {"linewidth": 1, "edgecolor": "white"}) # 添加边框
plt.show()
```

colors 列表定义了每个饼图切片的颜色,以便更好地视觉区分。在绘制饼图的过程中,使用 plt.pie(value, labels=labels, colors=colors, autopct='%1.1f%%', wedgeprops= {"linewidth": 1, "edgecolor": "white"})创建图形。colors 参数为每个切片指定颜色。wedgeprops= {"linewidth": 1, "edgecolor": "white"}参数为每个饼图切片添加白色边框,并设置边框宽度,增强了图表的清晰度和美观度。运行以上代码,绘制效果如图 7-13 所示。

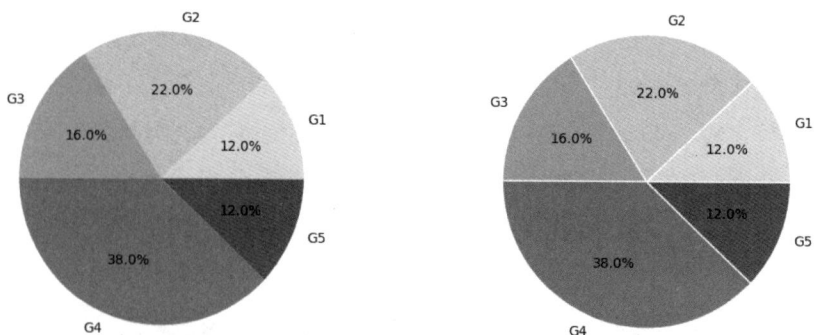

图 7-13　无边框(左)与有边框(右)的效果

通过 explode 参数可以将一个或多个切片从饼图中分离显示，数值越大，切片分离的距离越大。示例代码如下：

```python
import matplotlib.pyplot as plt

# 数据准备
labels = ["G1", "G2", "G3", "G4", "G5"]
value = [12, 22, 16, 38, 12]
explode = [0, 0, 0, 0.1, 0] #第四块切片分离显示
colors = ["#B9DDF1", "#9FCAE6", "#73A4CA", "#497AA7", "#2E5B88"]
# 绘制饼图
plt.pie(value, labels = labels, colors = colors, autopct = '%1.1f%%',
explode = explode,
        wedgeprops = {"linewidth": 1, "edgecolor": "white"})
plt.show()
```

上述代码的 explode 数组设置为[0, 0, 0, 0.1, 0]，这意味着第四个切片(对应"G4")将从饼图中稍微分离出来，以突出显示。这通常用于强调图表中的特定部分。切片分离的绘制效果如图 7-14 所示。

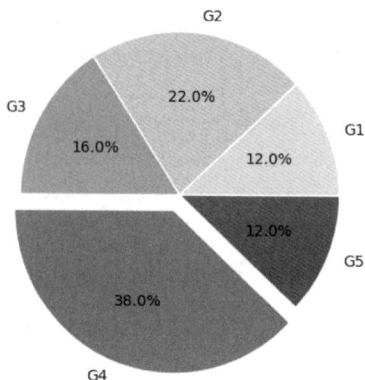

图 7-14　切片分离的饼图绘制效果

如果数据总和不为 1，并且不希望自动进行归一化，可以设置 normalize=False(注：若

控制台报错没有此参数，可能是 matplotlib 版本较老)。示例代码如下：

```python
import matplotlib.pyplot as plt
# 数据准备
labels = ["G1", "G2", "G3", "G4", "G5"]
value = [0.1, 0.2, 0.1, 0.2, 0.1]
colors = ["#B9DDF1", "#9FCAE6", "#73A4CA", "#497AA7", "#2E5B88"]
# 绘制饼图
plt.pie(value, labels = labels, colors = colors, autopct = '%1.1f%%',
  wedgeprops = {"linewidth": 1, "edgecolor": "white"}, normalize = False)
# 不归一化
plt.show()
```

上述代码中，value 数组中的值总和不为 1，且通过 normalize 参数指定了不进行自动归一化，得到一个不完全饼图。运行以上代码绘制效果如图 7-15 所示。

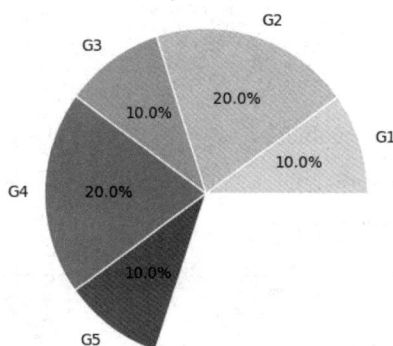

图 7-15　不完全饼图

7.2.4　绘制堆叠条形图

堆叠条形图是表示不同组内部子组的数据可视化方法。堆叠条形图将分段数值一个接一个地放置，条形的总值等于所有段值加在一起，适合用来比较每个分组/分段的总量。

例如，考虑居住在五个不同城市(组名为'G1'、'G2'、'G3'、'G4'和'G5')的人们对一个问题回答是或否，结果(每个城市的是和否的计数)被存储在变量 values1 和 values2 中。这些数据可以使用 matplotlib 的 bar 函数来表示，通过使用 bottom 参数，表示该参数代表此段条形的底下是哪一段条形。因此可以用来堆叠多个条形。绘制图形的代码如下：

```python
import matplotlib.pyplot as plt

# 数据准备
groups = ['G1', 'G2', 'G3', 'G4', 'G5']
values1 = [12, 19, 14, 27, 16]
values2 = [21, 30, 15, 17, 20]
```

```
# 绘制堆叠条形图
plt.bar(groups, values1, label = "Yes")
plt.bar(groups, values2, bottom=values1, label = "No")
plt.legend()      # 添加图例
plt.show()        # 显示图形
```

groups 列表定义了条形图的分组标签：'G1'、'G2'、'G3'、'G4'、'G5'。values1 和 values2 列表包含对应每组的数据值，表示为"是"和"否"。plt.bar(groups, values1, label="Yes")函数绘制第一组数据，随后 plt.bar(groups, values2, bottom=values1, label="No") 在第一组数据顶端堆叠第二组数据。bottom=values1 参数确保第二组数据从第一组顶部开始绘制，形成堆叠效果。

如果需要表示三个或更多子组，可以继续堆叠更多的条形。示例代码如下：

```
import numpy as np  # 需要使用 numpy
values3 = [15, 23, 12, 11, 15]  # 添加第三个子组
plt.bar(groups, values3, bottom=np.add(values1, values2), label =
"Abstain")
```

上述代码引入了第三组数据 values3，这一组数据通过 np.add(values1, values2) 计算出前两组数据的和，并将结果用作新的底部(bottom)，从而将第三组数据堆叠在前两组之上。堆叠条形图的绘制效果如图 7-16 所示。

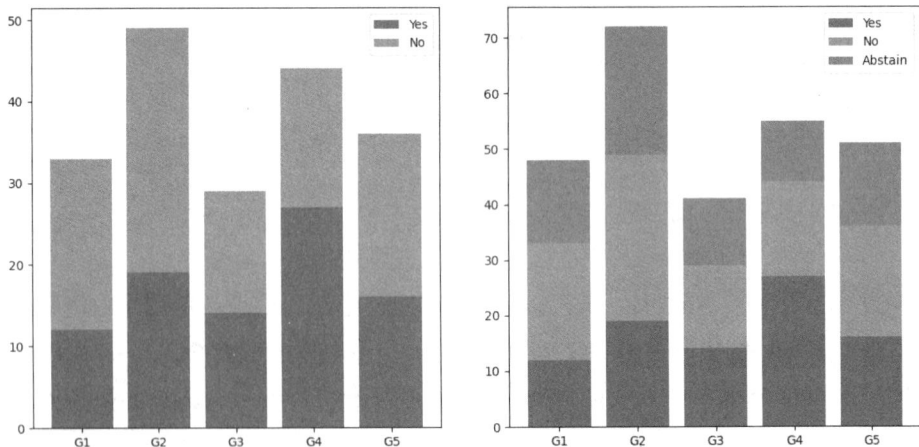

图 7-16   两个子组(左)与三个子组(右)的堆叠条形图

如果不想手动堆叠条形图的值，可以将值合并入一个 numpy 数组，然后使用循环来实现。以下为循环自动化堆叠过程的代码：

```
import matplotlib.pyplot as plt
import numpy as np

# 数据准备
groups = ['G1', 'G2', 'G3', 'G4', 'G5']
```

```
values = np.array([[12, 19, 14, 27, 16],
                   [21, 30, 15, 17, 20],
                   [15, 23, 12, 11, 15],
                   [2, 5, 1, 6, 8]])
# 绘制堆叠条形图
for i in range(values.shape[0]): # shape[0]表示数组的行数，shape[1]表示列数
    plt.bar(groups, values[i], bottom=np.sum(values[:i], axis=0))

plt.show()  # 显示图形
```

上述代码将每组数据存储在一个 numpy 数组 values 中，以便后续自动高效地处理和累加多层数据。代码中使用循环 for i in range(values.shape[0])遍历 values 数组的每一行，即每组数据。在每次循环中，plt.bar(groups, values[i], bottom=np.sum(values[:i], axis=0))绘制条形图。这里 bottom=np.sum(values[:i], axis=0)计算所有先前组(即当前组之前的所有组)数据的累积和，确保当前组数据在先前组数据顶部堆叠，形成累积堆叠效果。自动化堆叠子组的绘制效果如图 7-17 所示。

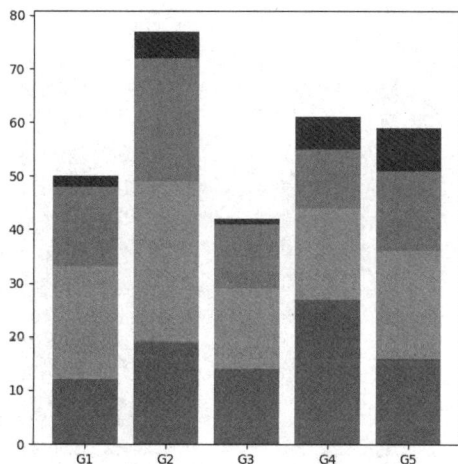

图 7-17　多子组自动化堆叠条形图

通过 width 参数可以调整条形的宽度，默认宽度为 0.8。示例代码如下：

```
import matplotlib.pyplot as plt
# 数据准备
groups = ['G1', 'G2', 'G3', 'G4', 'G5']
values1 = [12, 19, 14, 27, 16]
values2 = [21, 30, 15, 17, 20]
width = 0.25    # 调整宽度为 0.25
# 绘制堆叠条形图
plt.bar(groups, values1, width=width)
plt.bar(groups, values2, width=width, bottom=values1)
plt.show()  # 显示图形
```

误差线是在数据可视化中用来表示数据点的不确定性或变异性，可以提升数据解释的准确性。通过 yerr 参数添加误差线，ecolor 控制误差线颜色。示例代码如下：

```
values1_std = [2, 1, 3, 0.5, 2]        # values1 的标准偏差
values2_std = [1, 4, 0.25, 0.75, 1]    # values2 的标准偏差
# 绘制第一组数据，包括误差线
plt.bar(groups, values1, yerr=values1_std, ecolor='red')
# 绘制第二组数据，包括误差线。此组数据在第一组数据的基础上堆叠
plt.bar(groups, values2, yerr=values2_std, ecolor='green',
bottom=values1)
```

代码 plt.bar(groups, values1, yerr=values1_std, ecolor='red')添加第一组数据，并使用 yerr=values1_std 指定误差线的长度，ecolor='red'设置误差线的颜色为红色(见图 7-18 的深灰部分)。plt.bar(groups, values2, yerr=values2_std, ecolor='green', bottom=values1)绘制第二组数据，此处的 bottom=values1 参数使第二组数据在第一组数据的基础上堆叠，误差线颜色设置为绿色(见图 7-18 的深灰部分)。调整宽度与添加误差线的绘制效果如图 7-18 所示。

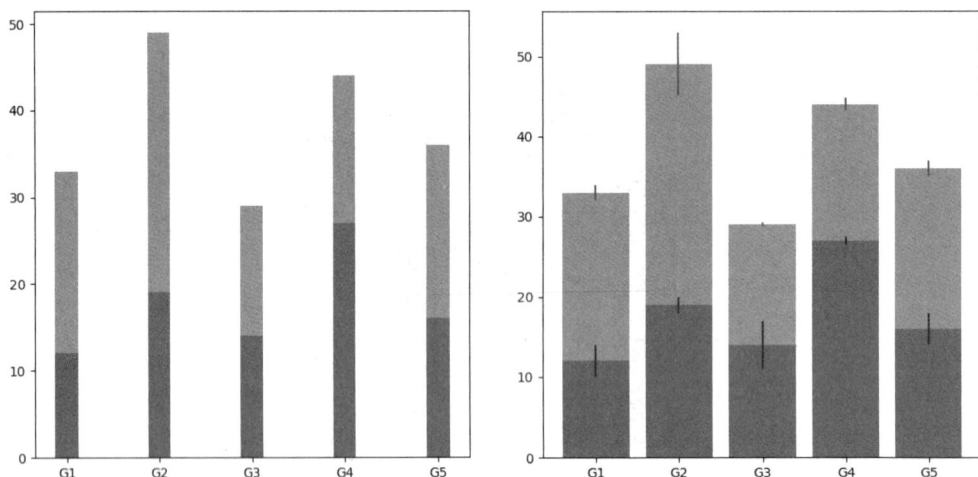

图 7-18　窄宽度(左)与添加误差线(右)的绘制效果

可以通过 color 参数设置条形的颜色，通过 edgecolor 和 linewidth 设置条形的边框颜色和宽度，并且可以通过循环每个 patch(即每个条形对象)，使用 text()在条形中添加数值标签，显示每个条形的数值。示例代码如下：

```
import matplotlib.pyplot as plt

# 数据准备
groups = ['G1', 'G2', 'G3', 'G4', 'G5']
values1 = [12, 19, 14, 27, 16]
values2 = [21, 30, 15, 17, 20]
```

```
# 绘制堆叠条形图
bars1 = plt.bar(groups, values1, color = "#44a5c2",    # 设置条形颜色
       edgecolor = "black", linewidth = 2, label = "yes") # 设置边框颜色和宽度
bars2 = plt.bar(groups, values2, bottom = values1, color = "#ffae49",
       edgecolor = "black", linewidth = 2, label = "no")

# 显示每个条形的数值
for bar in bars1 + bars2:
  plt.text(bar.get_x() + bar.get_width() / 2,    # 计算文本横坐标
        bar.get_height() / 2 + bar.get_y(),      # 计算文本纵坐标
        round(bar.get_height()), ha = 'center',
        color = 'w', weight = 'bold', size = 10)

plt.legend()      # 添加图例
plt.show()        # 显示图形
```

plt.bar(groups, values1, color="#44a5c2", edgecolor="black", linewidth=2, label="yes")绘制第一组数据，设置条形的颜色为浅蓝色。边框颜色为黑色，并且边框宽度为 2 单位。随后，plt.bar(groups, values2, bottom=values1, color="#ffae49", edgecolor="black", linewidth=2, label="no")在第一组数据的基础上堆叠第二组数据，这次选择橙色条形，并以相同方式定义边框，增强视觉对比。

代码中还包括一个循环，遍历每个条形对象(包含第一组和第二组的所有条形)。循环中使用 plt.text()在每个条形的中心位置垂直居中标注其高度值。该函数的参数设置如下：bar.get_x() + bar.get_width() / 2 计算文本的横坐标，确保文本位于条形的中央；bar.get_height() / 2 + bar.get_y()计算文本的纵坐标，使文本位于条形的垂直中心；文本颜色设置为白色，字体加粗并指定大小为 10，以确保其在深色背景上的可读性。运行以上代码，绘制效果如图 7-19 所示。

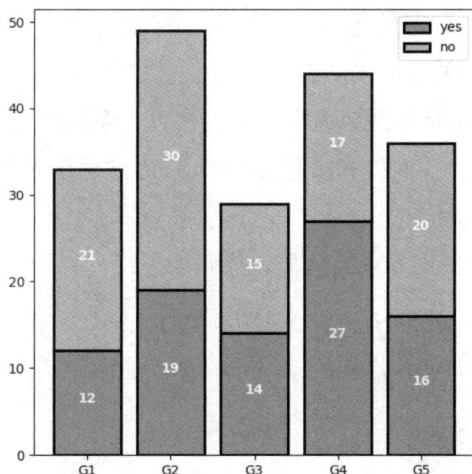

图 7-19　自定义条形颜色、边框，添加条形数值的绘制效果

7.2.5　绘制二维直方图

二维直方图是用于展示两个数值变量之间关系，特别适合于数据点数量较大的情况。与传统的一维直方图(条形图)仅展示单一变量的频率分布不同，二维直方图将数据空间划分为网格，计算落入每个网格内的数据点数量，通过颜色的深浅来表示这些数量，揭示两个变量之间的联合分布模式。

从基础的二维直方图绘制开始，逐步介绍如何调整颜色、透明度，归一化处理，以及如何自定义格子的数量。

考虑一个 y 值与 x 值呈正相关的例子，代码如下：

```
import numpy as np
import matplotlib.pyplot as plt


# 数据准备
np.random.seed(1)  # 为了结果可重复，设置随机数种子
x = np.random.normal(size=10000)
y = x + np.random.normal(size=10000)
# 绘制二维直方图
plt.hist2d(x, y)
plt.show()  # 显示图形
```

在数据准备过程中，x = np.random.normal(size=10000)生成 10000 个服从标准正态分布的随机数作为第一组数据。y = x + np.random.normal(size=10000)生成第二组数据，此数据为第一组数据 x 与另一批标准正态分布的随机数的和，模拟数据间的依赖关系。plt.hist2d(x, y)函数用于绘制 x 和 y 的二维直方图，该图形显示了 x 和 y 数据点的密度，颜色越亮表示该区域的数据点越密集。此函数默认将数据空间分割成矩形区域，并计算每个矩形区域中样本的数量，以颜色的形式表现出来，有效地揭示了两组数据间的分布模式和关系。运行以上代码，绘制效果如图 7-20 所示。

图 7-20 中的颜色表示了特定区域内样本点的密度，颜色越亮表示该区域的点越多。在图中，最亮的黄色区域显示了 x 值和 y 值最密集的地方，这表明在这些区域样本点较为集中。

可以通过 cmap 参数改变直方图的色调。代码如下：

```
plt.hist2d(x, y, cmap='BuPu')  # 使用紫色调
```

通过 alpha 参数可以设置颜色的透明度。代码如下：

```
plt.hist2d(x, y, alpha=0.5)  # 设置透明度为 0.5
```

绘制效果如图 7-21 所示。

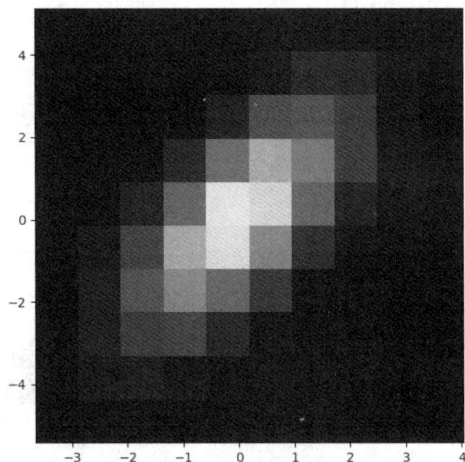

图 7-20　二维直方图

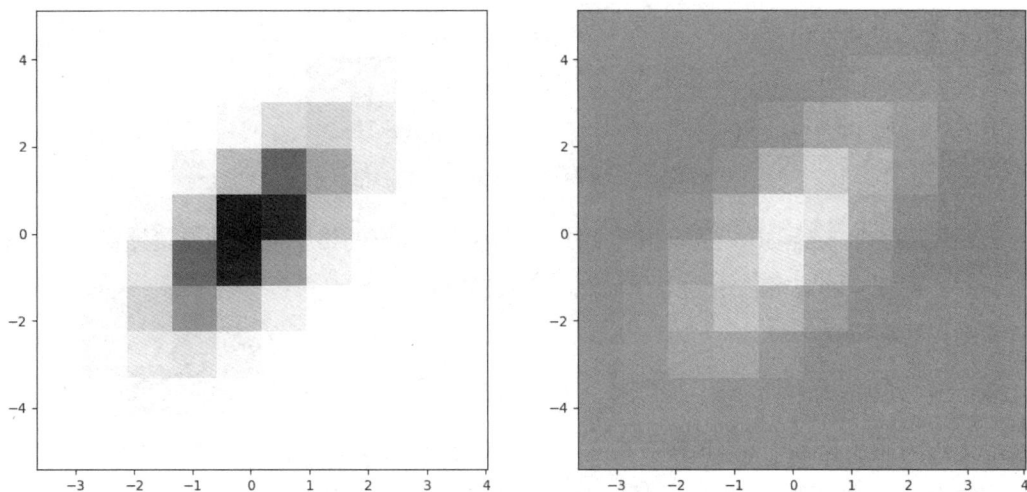

图 7-21　使用紫色调(左)与设置透明度(右)的二维直方图

从 matplotlib.colors 模块中引入 LogNorm()函数，用于调整颜色映射的归一化方法，使其按照对数尺度对颜色进行编码。这种方法适用于处理数据点密度差异较大的情况。使用 norm 参数可以将计数归一化，比如应用对数刻度，这对于强调低频区域特别有用。norm 参数在分配颜色之前将数据标准化为 0 到 1 之间。在下面的代码中，将数据转换为对数刻度，因此，计数为零的容器不会填充颜色。

```
from matplotlib.colors import LogNorm
plt.hist2d(x, y, norm=LogNorm())  # 应用对数归一化
```

通过 cmin 和 cmax 参数可以控制显示的最小计数值和最大计数值，这有助于过滤掉噪声或不重要的数据点。示例代码如下：

```
plt.hist2d(x, y, cmin = 1, cmax = 150)  # 只显示计数在 1 到 150 之间的格子
```

上述代码的绘制效果如图 7-22 所示。

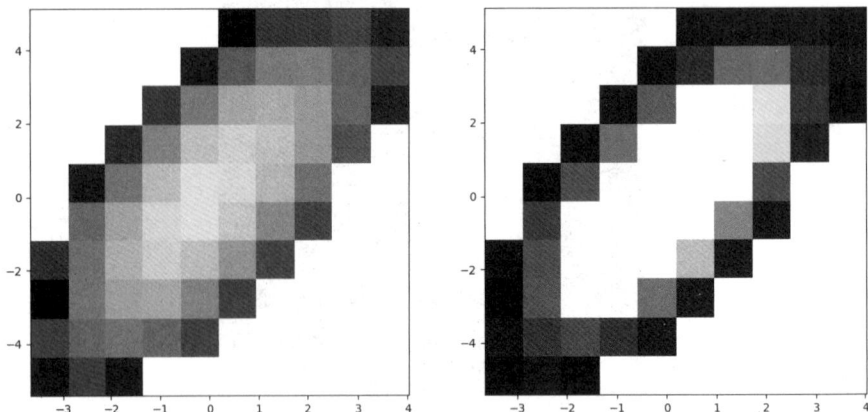

图 7-22　设置计数归一化(左)与设置最小计数值和最大计数值(右)的二维直方图

可以使用 bins 参数自定义格子的数量，默认为 10。可以统一设置 x 轴和 y 轴的格子数量，也可以为 x 轴和 y 轴分别指定不同的格子数量。

示例代码如下：

```
plt.hist2d(x, y, bins=30)  # 为两个维度设置相同的格子数量
```

上述代码使用 bins=30 设为 x 和 y 均指定了 30 个等宽的格子，这种设置提供了对数据分布的中等精细度的观察。绘制效果如图 7-23(左)所示。

示例代码如下：

```
plt.hist2d(x, y, bins = [50, 10])  # X轴50个格子，Y轴10个格子
```

上述代码通过 bins=[50, 10]参数指定，x 轴被划分为 50 个格子而 y 轴只有 10 个，这种不对称的格子设置允许更详细地分析 x 维度上的变化，同时对 y 维度的变化采取更粗糙的观察策略。绘制效果如图 7-23(右)所示。

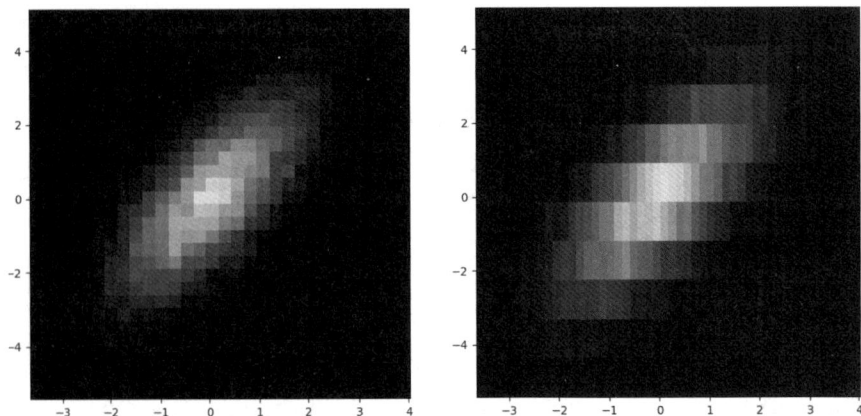

图 7-23　设置格子数量的二维直方图

7.2.6　绘制热力图

热力图是一种通过颜色变化来表示数据矩阵中数值大小的图表，非常适用于展示变量间的关系或数据的分布密度。从基础的热力图绘制开始，逐步介绍如何添加标签、旋转标签、插入数值及添加颜色条等。

首先需要创建一个数据矩阵，并使用这个矩阵来创建热力图。绘制热力图的基础代码如下：

```python
import numpy as np
import matplotlib.pyplot as plt

# 数据准备
np.random.seed(2)              # 为了结果可重复，设置随机数种子
data = np.random.random((8, 8))# 生成一个 8×8 的随机数据矩阵

# 绘制热力图
plt.imshow(data)               # 使用默认颜色映射
plt.show()
```

为了更好地识别热力图的行和列，可以添加 x 轴和 y 轴的标签，并且将 x 轴的标签进行旋转来显示较长的标签。在上述代码中添加如下代码：

```python
# 设置标签
xlabs = ["G1", "G2", "G3", "G4", "G5", "G6", "G7", "G8"]
ylabs = ["A", "B", "C", "D", "E", "F", "G", "H"]
# 设置 x 轴和 y 轴的刻度位置和标签，如果 x 轴标签太长，旋转 40° 以适应显示
plt.xticks(
    np.arange(len(xlabs)),   # 生成 x 轴刻度位置(0～7)
    xlabs,                   # 设置 x 轴刻度的标签
    rotation=40,             # 将 x 轴标签旋转 40°，以适应较长的标签
    ha="right",              # 水平对齐方式，"right"表示标签右对齐
    rotation_mode="anchor"   # 旋转模式，使旋转的文字固定在标签的锚点
)
plt.yticks(
    np.arange(len(ylabs)),   #生成 y 轴刻度位置(0～7)
    ylabs                    # 设置 y 轴刻度的标签
)
plt.show()
```

通过定义标签列表 xlabs 和 ylabs，为热力图的 x 轴和 y 轴指定具体的标签名称，如 G1 到 G8 和 A 到 H。np.arange(len(xlabs))这部分生成一个从 0 开始的整数序列，长度与 xlabs 列表相同，用来确定每个标签的位置，这些位置与标签文本关联，使图表的每个轴都

有明确的标签。为优化长标签的显示效果，rotation=40 将标签旋转 40° 并右对齐，这有助于防止标签文本重叠，尤其是在标签较长或较多时，确保标签在旋转后保持可读和布局稳定。rotation_mode="anchor"保证旋转以适当的锚点进行，避免位置偏移。运行以上代码，绘制效果如图 7-24 所示。

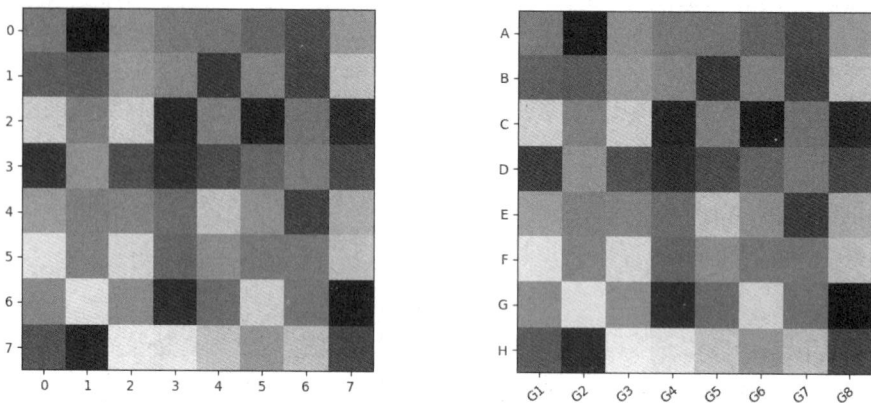

图 7-24　基础热力图(左)与自定义标签(右)的绘制效果对比

下面添加颜色条来表示颜色与数据值的对应关系，在热力图的每个单元格中添加对应的数值可以使图表的信息更完整。添加的代码如下：

```python
# 添加颜色条
im = plt.imshow(data)
cbar = plt.colorbar(im)
cbar.set_label("Color bar", rotation=-90, va="bottom")

# 插入单元格数值
for i in range(len(xlabs)):
    for j in range(len(ylabs)):
        plt.text(j, i, round(data[i, j], 1), ha="center", va="center",
color="white")
plt.show()
```

上述代码中，im = plt.imshow(data)命令将数据矩阵 data 转换为图像，并存储返回的图像对象到变量 im 中，cbar = plt.colorbar(im)创建了一个颜色条，用来解释图中不同颜色所代表的数据值的范围和分布，cbar.set_label("Color bar", rotation=-90, va="bottom")设置颜色条的标签为"Color bar"，并调整标签的旋转方向使之垂直显示，va="bottom"确保标签从颜色条的底部开始对齐。

代码中通过嵌套 for 循环遍历每个数据点，使用 plt.text(j, i, round(data[i, j], 1), ha="center", va="center", color="white")在热力图的每个单元格中心插入数值，数值四舍五入到一位小数。设置文字的水平和垂直对齐方式为中心(ha="center", va="center")，选择白色字体(color="white")确保在彩色背景上的可读性。运行以上代码，绘制效果如图 7-25 所示。

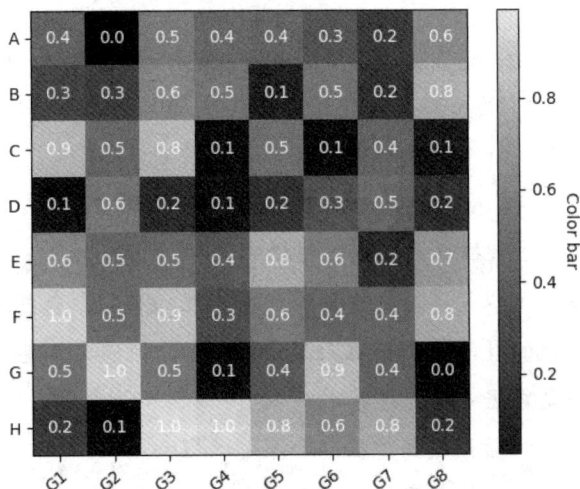

图 7-25　添加颜色条与数值的绘制效果

本 章 小 结

本章详细介绍了如何利用 Python 的 Matplotlib 库进行数据可视化。讲解了简单线型图的绘制技巧，适用于展示数据随时间或序列的变化。探讨了条形图的应用，便于对比不同类别的数据量。详细叙述了饼图的制作，展示数据各部分的占比。展示了如何通过堆叠条形图来展示类别内部的数据分布。介绍了二维直方图的绘制，用于分析两个变量之间的关系密度。讨论了热力图的制作，这是一种通过颜色变化展示数据矩阵数值大小的有效方式。

课 后 习 题

一、选择题

1. 在 Python 中，通常使用(　　)库进行数据可视化绘图。

　　A. NumPy　　　B. Pandas　　　　　C. Matplotlib　　　D. Scikit-learn

2. 在 Matplotlib 中，用于绘制条形图的函数是(　　)。

　　A. plt.plot()　　B. plt.bar()　　　　C. plt.scatter()　　D. plt.pie()

3. 在 plt.plot()函数中，下列(　　)参数可以用来为线型图中的数据点添加标记。

        A. color   B. marker   C. linestyle   D. label

4. 在绘制堆叠条形图时，如果想在第二组数据的基础上堆叠第三组数据，在 plt.bar() 函数中应使用(　　)参数。

        A. bottom   B. top   C. height   D. width

5. 在 Matplotlib 的 plt.pie()函数中，通过(　　)参数可以为饼图的切片设置不同的颜色。

        A. colors   B. explode   C. autopct   D. wedgeprops

6. 下列选项中，关于数据可视化描述错误的是(　　)。

    A. 数据可视化可以简单地理解为将不易描述的事物形成可感知画面的过程

    B. 数据可视化的目的是准确地、高效地、全面地传递信息

    C. 数据表格是数据可视化最基础的应用

    D. 数据可视化对后期数据挖掘具有深远的影响

7. 关于常见图表的说法中，下列描述正确的是(　　)。

    A. 柱形图可以反映数据增减的趋势

    B. 条形图是横置的直方图

    C. 饼图用于显示数据中各项大小与各项总和的比例

    D. 雷达图是一种可以展示多变量关系的图表

8. (　　)在 Matplotlib 中设置图形的标题。

    A. plt. title()   B. plt. xlabel()   C. plt. ylabel()   D. plt. legend()

9. 在 Matplotlib 中，(　　)函数可以添加图例。

    A. plt. legend()   B. plt. title()

    C. plt. label()   D. plt. annotate()

10. 在 Matplotlib 中，(　　)函数可以绘制散点图。

    A. plt.plot()   B. plt.scatter()   C. plt.bar()   D. plt.pie()

11. 在 Matplotlib 中，(　　)定义图表的 x 轴和 y 轴标签。

    A. plt.xlabel()和 plt.ylabel()   B. plt.title()和 plt.label()

    C. plt.grid()和 plt.legend()   D. plt.bar()和 plt.plot()

12. 在 Matplotlib 中，(　　)开启图表的网格线。

    A. plt.grid(True)   B. plt.gridlines()

    C. plt.gridplot()   D. plt.addgrid()

13. 在 Matplotlib 中，(　　)绘制多条线并添加图例。

    A. 多次调用 plt.plot()并使用 plt.legend()

    B. 多次调用 plt.bar()并使用 plt.legend()

  C. 多次调用 plt.scatter()并使用 plt.legend()

  D. 多次调用 plt.pie()并使用 plt.legend()

14. 在 Matplotlib 中，如何绘制二维直方图？（ ）

  A. plt.hist2d() B. plt.hist()   C. plt.bar()   D. plt.pie()

15. 在 Matplotlib 中，如何使用极坐标系统绘制花瓣曲线？（ ）

  A. 使用 subplot_kw={'projection': 'polar'}

  B. 使用 subplot_kw={'projection': 'cartesian'}

  C. 使用 polar_plot()

  D. 使用 cartesian_plot()

二、填空题

1. 在 Matplotlib 中，使用_____函数可以绘制线型图。

2. 在绘制条形图时，通过_____参数可以设置条形的颜色。

3. 在绘制线型图时，可以通过_____参数为数据点添加标记。

4. 二维直方图通过不同颜色和密度的格子来表示两个数值变量之间的_____和_____关系。

5. 在 Matplotlib 中，使用 plt.text()函数可以在图表中为条形或线条添加_____标签。

6. 数据可视化是从数据空间到_____空间的映射。

7. 用点加线的方式画出 $x=(0,10)$ 间 sin 的图像，代码为_____。

8. 设置直方图分 30 个 bins，并设置为频率分布，代码为_____。

9. 绘制一张设置网格大小为 30 的六角形直方图，代码为_____。

10. 在 Matplotlib 中，使用_____函数添加对数归一化的二维直方图

三、编程题

1. 绘制带有中文标签的正弦和余弦曲线图，根据需要自定义图表的样式、颜色和标签。

2. 使用随机生成的数据集来模拟复杂的散点图。

3. 使用饼图将 Category A、B、C、D 数据进行展示且 A 与饼图其余部分分离，类别大小分别为 15，30，45 和 10，标题为 Customized Pie Chart。

4. 以下为 NumPy 构造的随机累积数据，用 Matplotlib 绘制一个简单的折线图。

样本数据：

```
data = np.cumsum(np.random.randn(100,1))
#array([-3.52011308e-01, -7.90520899e-01, -1.56006768e+00, ...
```

输出示例如图 7-26 所示。

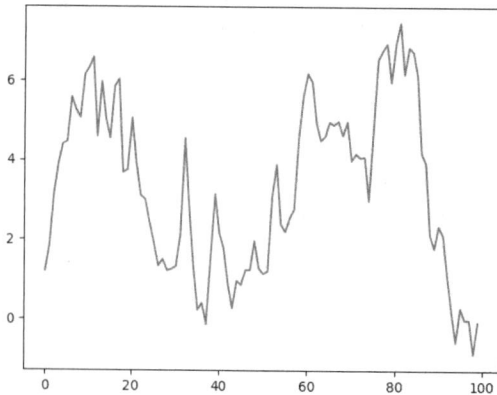

图 7-26　输出示例

5. 编写程序，绘制添加数值标签的堆叠条形图。

样本数据:

```
values1 = [12, 19, 14, 27, 16]
values2 = [21, 30, 15, 17, 20]
```

6. 编写程序，绘制极坐标花瓣曲线图。

7. 编写程序，绘制堆叠条形图并添加误差线。

样本数据:

```
values1 = [12, 19, 14, 27, 16]
values2 = [21, 30, 15, 17, 20]
values1_std = [2, 1, 3, 0.5, 2]
values2_std = [1, 4, 0.25, 0.75, 1]
```

8. 编写程序，使用随机生成的数据，创建自定义颜色和透明度的二维直方图。

9. 编写程序，使用随机生成的数据，绘制热力图并自定义颜色条。

10. 编写程序，针对下列函数，绘制交点标注的线型图。

样本数据:

```
y1 = np.sin(x) + 2
y2 = x**2 - 2
```

微课视频

扫一扫，获取本章相关微课视频。

　　　　

7.1　数据可视化与 Matplotlib　　　7.2　使用 Matplotlib 绘制图表

第 8 章

网 络 爬 虫

【学习目标】

● 理解网络爬虫的基本概念和工作原理。

● 掌握使用 Python 的 urllib3 和 Requests 库发送 HTTP 请求的方法。

● 学会使用 BeautifulSoup 和 LXML 库解析网页内容。

● 了解数据存储的方法,包括存储在 JSON 文件和数据库中。

8.1 爬 虫 概 述

网络爬虫是一种自动化程序,模拟互联网上的浏览行为,以便访问和收集数据。其工作流程如图 8-1 所示。

图 8-1 网络爬虫工作流程

(1) 发送 HTTP 请求。爬虫向目标网站发送 HTTP 请求,以获取网页的内容。

(2) 解析网页内容。收到网页响应后,需要解析 HTML 结构,提取所需的数据。

(3) 数据存储。将获取的数据存储在本地文件和数据库中,以便后续进一步处理和进行数据分析。

开发网络爬虫时需要用到的 Python 工具,如表 8-1 所示。

表 8-1 网络爬虫工具列举

名　　称	实现功能	特　　点
urllib3	发送 HTTP 请求 (二选一)	支持连接池、文件分段上传和重试等功能; 提供了灵活的 API 来处理 HTTP 请求和响应
Requests		简洁易用的接口; 支持会话、认证和代理等高级功能
Xpath	解析网页内容 (二选一)	通过路径表达式精确定位网页元素
Beautiful Soup		通过树形结构解析和操作 HTML 文档
PyMySQL	数据存储	连接 MySQL 数据库并执行 SQL 语句

8.2 数 据 爬 取

开发网络爬虫进行数据爬取有三个步骤:发送 HTTP 请求、解析网页内容和数据存储。

8.2.1 发送 HTTP 请求

爬虫的基本功能是读取 URL 和抓取网页内容，首要工作是具备发送 HTTP 请求的功能。请求过程包括生成请求、请求头处理、超时设置、请求重试、查看状态码等。下面，分别通过 urllib3 库和 Requests 库实现向网站发送 GET 类型的 HTTP 请求，并获取 HTTP 响应数据。

1. 使用 urllib3 库实现

在终端或命令提示符窗口中输入 pip 来安装 urilib 3 库。命令如下：

```
pip install urilib3
```

导入 urilib 3 库。相关代码如下：

```
import urllib3
from urllib3.util.retry import Retry
from urllib3.exceptions import MaxRetryError
```

创建一个重试策略的 Retry 对象，Retry 对象允许定义重试的次数、间隔时间、针对哪些状态码进行重试等。相关代码如下：

```
retry_strategy = Retry(
    total=3,  # 总共重试 3 次
    status_forcelist=[429, 500, 502, 503, 504],  # 需要重试的 HTTP 状态码
    backoff_factor=1  # 重试的间隔时间因子(指数退避算法)
)
```

创建一个包含之前重试策略的 HTTP 连接池管理器 PoolManager。PoolManager 负责管理 HTTP 连接池，能在请求失败时自动进行重试。相关代码如下：

```
http = urllib3.PoolManager(
    retries=retry_strategy,  # 设置重试策略
    # 设置连接超时和读取超时，单位为秒
    timeout=urllib3.Timeout(connect=2.0, read=5.0)
)
```

定义请求 URL 和请求头，其中请求头描述发起请求客户端身份信息，帮助爬虫更好模拟浏览器的行为，提高请求成功率。

```
url = 'https://httpbin.org/get'
headers = {
    'User-Agent': 'Mozilla/5.0 (compatible; MyCrawler/1.0;
+http://example.com/crawler)',
    'Accept': 'application/json'
}
```

发送 HTTP 请求，通过此前定义的协议和网址和服务器进行通信。相关代码如下：

```
response = http.request(
    'GET',
    url,
    headers=headers
)
```

查看状态码和响应内容。状态码由 3 位数字组成，表示请求的结果；响应内容是服务器返回的数据，它可以是 HTML 页面、JSON 数据、文件内容等。相关代码如下：

```
print(f'Status Code: {response.status}')
print(f'Response Data: {response.data.decode("utf-8")}')
```

处理重试失败异常。相关代码如下：

```
except MaxRetryError as e:
    print(f'Request failed after retries: {e}')
```

完整的示例代码如下：

```
import urllib3
from urllib3.util.retry import Retry
from urllib3.exceptions import MaxRetryError

# 定义重试策略
retry_strategy = Retry(
    total=3,                        # 总共重试 3 次
    status_forcelist=[429, 500, 502, 503, 504],    # 需要重试的 HTTP 状态码
    backoff_factor=1                # 重试的间隔时间因子(指数退避算法)
)

# 创建一个带有重试策略的 HTTP 连接池管理器
http = urllib3.PoolManager(
    retries=retry_strategy,         # 设置重试策略
    timeout=urllib3.Timeout(connect=2.0, read=5.0)  # 设置连接超时和读取超时
)

# 定义请求 URL 和请求头
url = 'https://httpbin.org/get'
headers = {
    'User-Agent': 'Mozilla/5.0 (compatible; MyCrawler/1.0;
+http://example.com/crawler)',
    'Accept': 'application/json'
}

# 进行请求
try:
response = http.request(
```

```
    'GET',
    url,
    headers=headers
)
# 查看状态码
print(f'Status Code: {response.status}')
# 查看响应内容
print(f'Response Data: {response.data.decode("utf-8")}')

except MaxRetryError as e:
   print(f'Request failed after retries: {e}')
```

2. 使用 Requests 库实现

在终端或命令提示符窗口中输入以下 shell 命令来安装 Requests 库。命令如下：

```
pip install requests
```

导入 Requests 库。相关代码如下：

```
import requests
from requests.adapters import HTTPAdapter
from requests.packages.urllib3.util.retry import Retry
```

创建一个重试策略的 Retry 对象，Retry 对象允许定义重试的次数、间隔时间、针对哪些状态码进行重试等。相关代码如下：

```
retry_strategy = Retry(
    total=3,  # 总共重试 3 次
    status_forcelist=[429, 500, 502, 503, 504],  # 需要重试的 HTTP 状态码
    backoff_factor=1  # 重试的间隔时间因子(指数退避算法)
)
```

创建一个会话对象，并将重试策略挂载到 session 上。requests.Session 不仅提供了连接池管理，还简化了 Cookies 管理、持久化请求头和参数、自动处理重定向、代理支持、SSL 证书验证、流式请求和超时设置等操作。本示例仅使用连接池管理功能。相关代码如下：

```
session = requests.Session()
adapter = HTTPAdapter(max_retries=retry_strategy)
#通过这个 session 发出的、以'http://' 'https://'开头的请求都会使用 adapter 处理
session.mount('http://', adapter)
session.mount('https://', adapter)
```

定义请求 URL 和请求头，模拟浏览器的网页信息。相关代码如下：

```
url = 'https://httpbin.org/get'
headers = {
```

```
    'User-Agent': 'Mozilla/5.0 (compatible; MyCrawler/1.0;
+http://example.com/crawler)',
    'Accept': 'application/json'
}
```

发送 HTTP 请求，通过此前定义的协议和网址与服务器进行通信。相关代码如下：

```
response = session.get(
    url,
    headers=headers,
    timeout=(2.0, 5.0)
)
```

查看状态码和响应内容。状态码由 3 位数字组成，表示请求的结果；响应内容是服务器返回的数据，它可以是 HTML 页面、JSON 数据、文件内容等。相关代码如下：

```
print(f'Status Code: {response.status_code}')
print(f'Response Data: {response.text}')
```

处理重试失败异常。相关代码如下：

```
except requests.exceptions.RequestException as e:
    print(f'Request failed: {e}')
```

完整的示例代码如下：

```
import requests
from requests.adapters import HTTPAdapter
from requests.packages.urllib3.util.retry import Retry

# 定义重试策略
retry_strategy = Retry(
    total=3,  # 总共重试 3 次
    status_forcelist=[429, 500, 502, 503, 504],  # 需要重试的 HTTP 状态码
    backoff_factor=1  # 重试的间隔时间因子(指数退避算法)
)

# 创建一个会话对象，并将重试策略挂载到 session 上
session = requests.Session()
adapter = HTTPAdapter(max_retries=retry_strategy)
#通过这个 session 发出的、以'http://' 'https://'开头的请求都会使用 adapter 处理
session.mount('http://', adapter)
session.mount('https://', adapter)

# 定义请求 URL 和请求头
url = 'https://httpbin.org/get'
headers = {
    'User-Agent': 'Mozilla/5.0 (compatible; MyCrawler/1.0;
+http://example.com/crawler)',
```

```
    'Accept': 'application/json'
}

# 进行请求
try:
response = session.get(
    url,
    headers=headers,
    timeout=(2.0, 5.0)
)
# 查看状态码
print(f'Status Code: {response.status_code}')
# 查看响应内容
print(f'Response Data: {response.text}')

except requests.exceptions.RequestException as e:
    print(f'Request failed: {e}')
```

8.2.2　解析网页内容

解析网页内容是从网页中提取数据的过程，也是网络爬虫的关键步骤之一。主要任务包括：获取网页的内容，解析 HTML 内容和提取数据。

以下是一个简单的网络爬虫示例：使用 Python 的 requests 库获取网页内容，使用 BeautifulSoup 库解析 HTML 内容并提取数据。

HTML 文档由一系列标签构成，每个标签用于表示不同的内容和结构。例如 Demo.html 文件内容如下：

```
<!DOCTYPE html>
<html lang="en">
<head>
    <meta charset="UTF-8">
    <title>示例网页</title>
</head>
<body>
    <h1>这是一级标题</h1>
    <p class="content">这是第一段</p>
    <p class="content">这是第二段</p>
</body>
</html>
```

<html>：定义 HTML 文档的根元素。

<head>：包含文档的元数据(如标题、编码等)。

<title>：定义文档的标题。

<body>：包含文档的主体内容。

<h1>：定义一级标题。

<p>：定义段落。

通过解析这些标签，可以提取并结构化处理网页中的数据，从而实现网络爬虫的目标。

Analyze.py 解析文件代码如下：

```python
from bs4 import BeautifulSoup

# 打开并读取本地 HTML 文件
file = open('Demo.html','r', encoding='utf-8')
content = file.read()

# 解析 HTML 文档
soup = BeautifulSoup(content, 'html.parser')

# 获取标题
title = soup.title.string
print(f'标题: {title}')

# 获取所有段落内容
paragraphs = soup.find_all('p', class_='content')
for idx, paragraph in enumerate(paragraphs, 1):
    print(f'段落 {idx}: {paragraph.text}')
```

运行结果如下：

```
标题: 示例网页
段落 1: 这是第一段
段落 2: 这是第二段
```

1. 使用 BeautifulSoup 库解析网页

BeautifulSoup 是一个可以从 HTML 或 XML 文件中提取数据的 Python 函数库。其功能简单而强大，容错能力强，文档相对完善，清晰易懂。其具有三个特性。

(1) BeautifulSoup 提供了一个用于解析文档并提取相关信息的工具包，用于检索和修改语法树。

(2) BeautifulSoup 自动将输入文档转换为 Unicode 编码，并将输出文档转化为 UTF-8 编码。不需要考虑编码，除非输入文档没有指出其编码并且 BeautifulSoup 无法自动检测到。

(3) BeautifulSoup 允许使用不同的解析策略或者牺牲速度来换取灵活性，比如 lxml 和 html5lib 的上层。

下面 Beautiful Soup 的安装涉及第三方的扩展，建议使用 pip 安装。命令如下：

```
pip install beautifulsoup4
```

以 MySoup.html 文件内容为例说明如何使用 Beautiful Soup。该文件内容如下：

```html
<!DOCTYPE html>
<html>
<head>
<meta charset="utf-8">
<title> Python</title>
</head>
<body>
<p id="python">
<a href="/index.html"> Python </a>Beautifulsoup 的使用
</p>
<p class="myclass">
<a href="http://www.baidu.com/">这是</a> 一个指向百度页面的 URI。
</p>
</body>
</html>
```

在文件 MySoup.html 的同一目录创建 Soup.py 文件，Soup.py 文件中的代码如下：

```python
#引入 BeautifulSoup
from bs4 import BeautifulSoup
#读取 MySoup.html 文件
file = open('MySoup.html','r',encoding='utf-8')
#将 MySoup.html 的内容赋值给 Html_Content，并关闭文件
Html_Content = file.read()
file.close()
# 使用 htm15lib 解释器解释 Html_Content 的内容
soup = BeautifulSoup(Html_Content,"htm15lib")
# 输出 title
print('html title is' + soup.title.getText())
# 查找第一个标签 P，并输出
find_p = soup.find('p',id="python")
print('the first <p> is ' + find_p.getText())
# 查找全部标签 P，并输出
find_all_p = soup.find_all('p')
for i, k in enumerate(find_all_p):
    print('the' + str(i + 1) +'p is' + k.getText())
```

运行结果如下：

```
html title is  Python
the first <p> is
 Python BeautifulSoup 的使用
```

```
the 1 p is
 Python BeautifulSoup 的使用

the 2 p is
这是一个指向百度页面的 URI。
```

以上代码运行时，先使用 file = open('MySoup.html','r',
encoding='utf-8')打开并读取 MySoup.html 文件的内容。读取的内容存储在 Html_Content 变量中，并使用 html5lib 解析 HTML 文件的内容。然后使用 soup.title.getText()获取并打印 HTML 文档的标题，使用 soup.find('p', id="python")查找第一个带有 id="python"的<p>标签，使用 soup.find_all('p')查找所有<p>标签，并逐一打印其内容。接下来演示 BeautifulSoup 的更多用法。

Demo.html 文件的内容如下：

```
<html>
<head>
    <title>Python</title>
</head>
<body>
    <p class="title"><b>BeautifulSoup 的学习</b></p>
    <p class="study">学习网址: http://blog.csdn.net/huangzhang_123
        <a href="www.xxx.com" class="abc" id="try1">web 开发</a>,
        <a href="www.ccc.com" class="bcd" id="try2">网络爬虫</a> and
        <a href="www.aaa.com" class="efg" id="try3">人工智能</a>;
    </p>
    <p class="other">...</p>
</body>
</html>
```

1) 查找指定标签和全部标签

相关代码如下：

```
# 引入 BeautifulSoup
from bs4 import BeautifulSoup
# 读取 Demo.html 文件
file = open('Demo.html','r',encoding='utf-8')
# 将 Demo.html 的内容赋值给 Html_Content，并关闭文件
Html_Content = file.read()
file.close()
# 解析 Html_Content 的内容
soup = BeautifulSoup(Html_Content, 'lxml')
# 获取<head>标签内容
print(soup.head)
# 获取<title>标签内容
print(soup.title)
```

```
# 获取第一个标签 a
print(soup.a)
# 获取所有 a 标签
print(soup.find_all('a'))
```

运行结果如下：

```
<head>
<title>Python</title>
</head>
<title>Python</title>
<a class="abc" href="www.xxx.com" id="try1">web 开发</a>
[<a class="abc" href="www.xxx.com" id="try1">web 开发</a>, <a class="bcd"
href="www.ccc.com" id="try2">网络爬虫</a>, <a class="efg"
href="www.aaa.com" id="try3">人工智能</a>]
```

BeautifulSoup 基于 Html_Content 生成对象 soup，然后获取数据是从 soup 对象中获取。比如为了获取 head 和 title，可用 soup.head 和 soup.title 返回相应值。

想获取某个标签值，如 soup.a，返回的数据格式是<class'bs4.element.Tag'>。这是 BeautifulSoup 的格式，代表第一个标签的全部内容。

若想获取其标签在网页上显示的内容(去除 HTML 标签)，则可采用以下方法。

(1) 通过 getText()获取标签的值。例如 soup.a.getText0 返回的是"web 开发"。

(2) 通过 str()方式转换为字符串。例如，str(soup.a)返回的是"<a href-"www.xxx.com" class="abc"id="tryl">web 开发</a>"，然后使用字符串截取获取的数据。

2) 获取某标签的属性值

在上述例子中，soup.a 可以获取第一个 HTML 的标签 a，如果想获取该标签里面的属性值，沿用上述变量 Html_Content。实现代码如下：

```
soup = BeautifulSoup(Html_content,"htm151ib")
print (soup.a['class'])
# 输出内容:"abc"
```

在 HTML 中，class 属性可带有多个 CSS 样式，因此，如果 HTML 的属性含有多个 CSS 样式，BeautifulSoup 会以列表的格式返回结果。示例代码如下：

```
soup = BeautifulSoup('<a href="www.xxx,com" class="abc bcd">web 开发
</a>',"html5lib")
print(soup.a['class'])
#输出内容:["abc", "bcd"]
```

3) 精准查找

如果想获取第 N 个标签 a 或者精确定位到某个标签，在 find_all()中加条件。沿用上述变量 Html_content，实现精确定位标签 a，实现代码如下：

```
soup.find_all('a', id="try3")
soup.find_all('a', class ="efg", id="try3")
soup.find_all('a', href == re.compile("aaa"))
```

以上三种方式都可以定位到"<a href="www.aaa.com" class="efg" id="try3">"人工智能</a>这个标签。

第一种是通过一个属性定位，只要是标签里具有的属性都可以定位到。

第二种在第一种的基础上增加了一种属性，即多个属性联合，实现更加精准查找。

第三种是通过正则表达式进行模糊匹配，这个适合属性多变时使用。

注意：在 BeautifulSoup 中，find()和 find_all()的使用方法一样。但两者也有所区别。

(1) find_all()返回的结果是包含一个或多个元素的列表；而 find()方法返回的是第一个符合要求的结果，格式为字符串。

(2) 若 find_all()没有找到目标，则返回空列表；若 find()方法找不到目标时，则返回 None。

4) 支持 CSS 样式

Beautiful Soup 支持大部分的 CSS 选择器。

CSS 样式定义由两部分组成，形式为：[code] 选择器{样式}[/code]。在{}之前的部分就是"选择器"。"选择器"指明了{}中"样式"的作用对象，也就是"样式"作用于网页中的哪些元素。CSS 选择器主要是用前端的 CSS 编写的。主要 CSS 选择器的用法如下。

(1) 通过 id 查找，例如：soup.select("#try3")。

(2) 通过 class 查找，例如：soup.select(".efg")。

(3) 通过属性查找，例如：soup.select(a[class="efg"])。

上述三种方法也返回"<a href=" www.aaa.com" class="efg" id="ty3">人工智能</a>标签"，与 find_all 实现的功能一样。

BeautifulSoup 在爬虫开发中担任着数据清洗的角色。因此，掌握上述使用方法能解决绝大部分的网站数据清洗问题。

2. 使用 LXML 库解析网页

LXML 是一个功能强大的库，适用于需要处理和解析 HTML 或 XML 内容的情况。通过结合使用 XPath 查询语言，高效地提取和操作网页数据。此外，LXML 还提供了更多高级功能，如命名空间处理、XSLT 转换等，适用于更复杂的需求。

1) 安装 LXML

建议使用 pip 安装 LXML：

```
pip install lxml
```

2)　基本用法

(1)　导入模块：在 Python 脚本中导入 lxml 模块。常用的子模块是 etree 和 html。相关代码如下：

```
from lxml import html
```

(2)　解析 HTML 文档：解析 HTML 文档有多种方式，包括从字符串、文件或 URL 中解析。

对 HTML 字符串进行解析，可以直接将其解析为一个树结构。相关代码如下：

```
html_content = '<html><body><h1>Hello, world!</h1></body></html>'
tree = html.fromstring(html_content)
```

对本地的 HTML 文件进行解析，可以将其解析为一个树结构。相关代码如下：

```
tree = html.parse('xxx.html')
```

对从某网页 URL 中获取的 HTML 内容进行解析，使用 requests 库来获取网页内容。相关代码如下：

```
import requests
response = requests.get('http://xxx.com')
tree = html.fromstring(response.content)
```

3)　使用 XPath 提取数据

XPath 用于在 XML 文档中查找信息。LXML 对 XPath 有很好的支持，可以用来从解析树中提取数据。

可以使用 XPath 来查找特定的标签。例如，查找所有的 <h1> 标签。相关代码如下：

```
h1_tags = tree.xpath('//h1')
```

找到标签后，可以提取其中的文本内容。相关代码如下：

```
for h1 in h1_tags:
    print(h1.text)
```

4)　示例：从网页中提取信息

针对以下 Demo.html 内容，提取标题、段落和所有链接。

```
<html>
  <head><title>Example page</title></head>
  <body>
    <div id="content">
      <h1>Welcome to the example page</h1>
      <p>This is an example paragraph.</p>
      <a href="http://example.com/page1.html">Link 1</a>
      <a href="http://example.com/page2.html">Link 2</a>
    </div>
```

```
    </body>
</html>
```

Python 综合代码如下:

```python
from lxml import etree

# 解析 HTML 内容
file = open('Demo.html','r',encoding='utf-8')
content = file.read()

# 解析 HTML 文档
tree = etree.HTML(content)

# 提取标题
title = tree.xpath('//title/text()')[0]
print(f"Title: {title}")

# 提取段落
paragraph = tree.xpath('//div[@id="content"]/p/text()')[0]
print(f"Paragraph: {paragraph}")

# 提取所有链接
links = tree.xpath('//div[@id="content"]/a/@href')
print("Links:")
for link in links:
    print(link)
```

运行结果如下:

```
Title: Example page
Paragraph: This is an example paragraph.
Links:
http://example.com/page1.html
http://example.com/page2.html
```

有时 HTML 结构会比较复杂,需要使用更多的 XPath 技巧来精确提取数据。

XPath 是一种 XML 路径语言,通过元素和属性进行导航,被用来搜寻 XML 文档,同样也适用于 HTML 文档,例如使用 XPath 查找提取网页信息。

XPath 以路径表达式来指定元素,称作 XPath selector。比如,使用"/"选择某个标签,使用多个"/"可选择多层标签。常用路径表达式如表 8-2 所示。

表 8-2　XPath 的常用路径表达式

表达式	说　明
nodename	选取此节点的所有子节点
/	从当前节点选取直接子节点
//	从当前节点选取子节点

表达式	说　明
.	选取当前节点
..	选取当前节点的父节点
@	选取属性

下面通过一个简单例子示范使用路径表达式查找信息。现有代码如下：

```
<?xml version ="1.0" encoding = "ISO - 8859 - 1"?>
<classroom>
    < student >
        <id> 1000 </id>
        <name lang = "en"> 1000phone </name >
        <age > 25 </age >
        <country> China </country>
    </student >
    < student >
        <id> 1001 </id>
        <name lang = "en"> codingke </name >
        <age > 18 </age >
        <country> China </country>
    </student >
</classroom>
```

接着使用 XPath 路径表达式查询上面代码中的信息。若选取 classroom 的所有 student 子元素，可通过"classroom/student"表达式实现；若选取 classroom 子元素的第一个 student 元素，则可通过"/classroom/student[1]"表达式实现。

表 8-3 至表 8-5 展示了更多表达式，用于在上述代码中查询信息。

表 8-3　节点选取

路径表达式	说　明
classroom	选取 classroom 元素的所有子节点
/classroom	选取根元素 classroom
classroom/student	选取属于 classroom 的子元素的所有 student 元素
//student	选取所有 student 元素，而不管它们在文档中的位置
classroom//student	选择属于 classroom 元素的后代的所有 student 元素，而不管它们位于 classroom 之下的位置
//@lang	选取名为 lang 的属性

以上是选取所有符合条件的节点，若要选择特定的节点或者带有特定值的节点，就需要使用谓语，具体如表 8-4 所示。

表 8-4 XPath 谓语描述

路径表达式	说　明
/classroom/student[1]	选取 classroom 子元素的第一个元素
/classroom/student[last()]	选取属于 classroom 子元素的最后一个 student 元素
classroom/student[last()-1]	选取属于 classroom 子元素的倒数第二个 student 元素
/classroom/student[position()<<3]	选择最前面的两个属于 classroom 元素的子元素的 student 元素
//name[@lang]	选取所有 name 元素且拥有 lang 属性

在进行节点选取时可以使用通配符"*"匹配未知的元素，同时使用操作符"|"一次选取多条路径进行并行操作。具体如表 8-5 所示。

表 8-5 通配符的使用

路径表达式	说　明
/classroom/*	选取 classroom 元素的所有子元素
//*	选取文档中所有元素
//name[@*]	选取所有带属性的 name 元素
//student/name | //student/age	选取 student 元素的所有 name 和 age 元素
/classroom/student/name | //age	选取属于 classroom 元素的 student 元素的所有 name 元素，以及文档中所有 age 元素

8.2.3 数据存储

爬虫通过解析网页获取页面中数据后，通常有两种存储方法：使用 JSON 模块将 XPath 获取的文本内容存储为 JSON 文件；使用 PyMySQL 库将 BeautifulSoup 库获取的标题存入 MySQL 数据库。

1. 将数据存储为 JSON 文件

JSON(JavaScript Object Notation，JavaScript 对象标记)通过对象和数组的组合来表示数据，构造简洁但是结构化程度非常高，是一种轻量级的数据交换格式。

一个 JSON 对象可以写为如下形式：

```
[{
    "name" : "Bob",
    "gender": "male",
    "birthday":"1992-10-18",
},{
    "name": "Selina",
    "gender":"female",
    "birthday":"1995-10-18",
}]
```

由方括号括起的就相当于列表类型，列表中的每个元素可以是任意类型。这个示例中它是字典类型，由花括号包围。

对象：在 JavaScript 中是用花括号({})括起的内容，数据结构为{key1:value1, key2:value2, …}的键值对结构。在面向对象的语言中，key 为对象的属性，value 为对应的值，键名可以使用整数和字符串来表示。值的类型可以是任意类型。

数组：在 JavaScript 中是用方括号([])括起的内容，数据结构为["java", "javascript", "vb", …]的索引结构。在 JavaScript 中，数组是一种比较特殊的数据类型。同样，值的类型可以是任意类型。

所以，JSON 可以由以上两种形式自由组合而成，可以无限次嵌套，结构清晰，是数据交换的极佳方式。

1)　读取 JSON

JSON 文件的读写操作可以调用 JSON 库的 loads()方法将 JSON 文本字符串转为 JSON 对象，然后通过 dumps()方法将 JSON 对象转为文本字符串。

例如，以下是 JSON 形式的字符串，可用 Python 将其转换为可操作的数据结构，如列表或字典：

```
import json
str = '''
[{
    "name": "Bob",
    "gender": "maie",
    "Girthday":"1992-10-18"
},{
    "name": "Selina",
    "gender": "female",
    "birthday":"1995-10-18"
}]
'''
print(type(str))
data = json.loads(str)
print(data)
print(type(data))
```

运行结果如下：

```
<class 'str'>
[{'name': 'Bob', 'gender': 'maie', 'Girthday': '1992-10-18'}, {'name':
'Selina', 'gender': 'female', 'birthday': '1995-10-18'}]
<class 'list'>
```

代码使用 loads()方法将字符串转为 JSON 对象。由于最外层是方括号，因此最终的类型是列表类型。

针对列表类型数据，如果想取第一个元素里的 name 属性，可以使用如下方式：

```
data[0]['name']
data[0].get('name')
```

得到的结果都是 Bob。通过方括号加 0 索引，可以得到第一个字典元素，然后再调用其键名即可得到相应的键值。获取键值时有两种方式：一种是方括号加键名；另一种是通过 get()方法传入键名。重点推荐使用 get()方法，如果键名不存在，则不会报错，会返回 None。此外，get()方法还可以传入第二个参数(即默认值)，示例如下：

```
data[0].get('age')
data[0].get('age', 25)
```

运行结果如下：

```
None
25
```

以上代码尝试获取年龄 age，其实在原字典中该键名不存在，此时默认会返回 None。如果传入第二个参数(即默认值)，那么，当不存在时，则返回该默认值。注意，JSON 的数据需要用双引号来包围，不能使用单引号。例如，若使用如下形式的列表，则会出现错误：

```
import json

str = '''
[{
    'name': 'Bob',
    'gender': 'maie',
    'Girthday':'1992-10-18'
}]
'''
data = json.load(str)
```

运行结果如下：

```
json.decoder.JSONDecodeError: Expecting property name enclosed in double
quotes; line 3 column 5 (char 8)
```

对于出现 JSON 解析错误(JSONDecodeError)的提示，这是因为这里的数据用单引号来包围，特别注意 JSON 字符串的表示需要用双引号，否则 loads()方法会解析失败。

如果从 JSON 文本中读取内容，例如 data.json 文本文件，其内容是刚才定义的 JSON 字符串，可以先将文本文件内容读出，然后再利用 loads()方法转化。相关代码如下：

```
import json
file = open('data.json','r')
str = file.read()
```

```
data = json.loads(str)
print(data)
```

运行结果如下：

```
[{'name': 'Bob', 'gender': 'maie', 'Girthday': '1992-10-18'}, {'name':
'Selina', 'gender':
'female', 'birthday': '1995-10-18'}]
```

2)　输出 JSON

调用 dumps()方法将 JSON 对象转化为字符串。例如，将上例中的列表重新写入文本。相关代码如下：

```
import json

data=[{'name': 'Bob',
      'gender':'male',
      'birthday':'1992-10-18'
}]
file = open('data.json','w')
file.write(json.dumps(data))
```

利用 dumps()方法将 JSON 对象转为字符串，然后再调用文件的 write()方法写入文本，运行结果如图 8-2 所示。

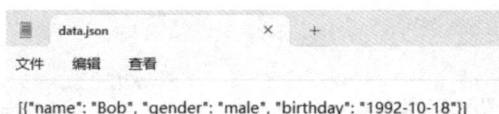

图 8-2　data.json 文本内容(一)

如果要保存 JSON 的格式，可以再加一个参数 indent，代表缩进字符个数。示例代码如下：

```
file = open('data.json','w')
file.write(json.dumps(data, indent=2))
```

此时运行结果如图 8-3 所示。

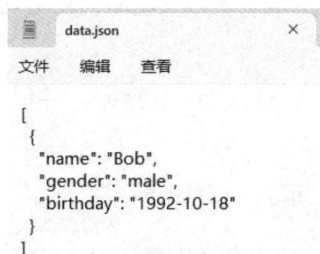

图 8-3　data.json 文本内容(二)

这样得到的内容会自动缩进，格式会更加清晰。

对于 JSON 中包含中文字符的情况，例如，将之前的 JSON 的部分值改为中文，再用之前的方法写入文本。相关代码如下：

```
import json

data=[{'name': '赵四',
      'gender':'男',
      'birthday':'1992-10-18'
}]
file = open('data.json','w') as
    file.write(json.dumps(data, indent=2))
```

运行结果如图 8-4 所示。可以看到，中文字符都变成了 Unicode 字符，这并不是理想的写入结果。为了输出中文，还需要指定参数 ensure_ascii 为 False，规定文件输出的编码。

```
file = open('data.json','w')
file.write(json.dumps(data,indent=2,ensure_ascii=False))
```

运行结果如图 8-5 所示。

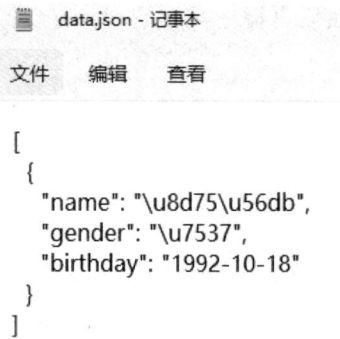

```
data.json - 记事本
文件    编辑    查看

[
  {
    "name": "\u8d75\u56db",
    "gender": "\u7537",
    "birthday": "1992-10-18"
  }
]
```

图 8-4   data.json 文本内容(三)

```
data.json
文件    编辑    查看

[
  {
    "name": "赵四",
    "gender": "男",
    "birthday": "1992-10-18"
  }
]
```

图 8-5   data.json 文本内容(四)

可以发现，输出 JSON 为中文了。

2. 将数据存储到 MySQL 数据库

MySQL 是一种关系型数据库管理系统，使用结构化查询语言(SQL)进行数据库管理。

1)　准备工作

在开始之前，请确认已经安装 MySQL 数据库，并保证它能正常运行，而且需要安装 PyMySOL 库。

建议使用 pip 安装 PyMySOL 库，命令如下：

```
pip install PyMySQL
```

2)　连接数据库

首先尝试连接一下数据库。假设当前的 MySOL 运行在本地，用户名为 root，密码为 123456，运行端口为 3306。这里利用 PyMySQL 先连接 MySQL，然后创建一个新的数据库，名字叫作 spiders。相关代码如下：

```python
import pymysql

db=pymysql.connect(host='localhost',user='root',password='123456',port=3306)
cursor = db.cursor()
cursor.execute('SELECT VERSION()')
data= cursor.fetchone()
print('Database version:', data)
cursor.execute("CREATE DATABASE spiders DEFAULT CHARACTER SET utf8")
db.close()
```

运行结果如下：

```
Database version: ('5.7.31',)
```

代码中 connect()方法声明一个 MySQL 连接对象 db，此时需要传入 MySQL 运行的 host(即 IP 地址)。由于 MySQL 在本地运行，因此参数是 1ocalhost。如果 MySQL 在远程运行，则参数是公网 IP 地址。后续的参数 user 即用户名，password 即密码，port 即端口(默认为 3306)。

连接成功后，需要再调用 cursor()方法获得 MySQL 的操作游标，即利用游标来执行 SQL 语句。这里执行了两句 SOL，使用 execute()方法。

第一句 SQL 用于获得 MySOL 的当前版本，然后调用 fetchone()方法获得第一条数据，也就得到了版本号。

第二句 SOL 执行创建数据库的操作，数据库名为 spiders，默认编码为 UTF-8。由于该语句不是查询语句，因此直接执行后就成功创建了数据库 spiders。

3)　创建表

创建数据库的操作只需要执行一次。当然，也可以手动创建数据库。以在 spiders 数据库上为例。

创建数据库后，在连接时需要额外指定一个参数 db，用于指定要连接的数据库名称。

接下来，新创建一个数据表 students，指定 3 个字段，结构如表 8-6 所示。

表 8-6　数据表 students

字段名	含　义	类　型
id	学号	varchar
name	姓名	varchar
age	年龄	int

创建该表的示例代码如下：

```
import pymysql
db= pymysql.connect(host='localhost',
user='root',password='123456',port=3306, db='spiders')
cursor =db.cursor()
sql = 'CREATE TABLE IF NOT EXISTS students (id VARCHAR(255) NOT NULL,
name VARCHAR(255) NOT NULL, age INT NOT NULL,PRIMARY KEY(id))'
cursor.execute(sql)
db.close()
```

运行代码之后，便创建了一个名为 students 的数据表。

为了演示功能，这里只指定了最简单的几个字段。实际上，在爬虫过程中，会根据爬取结果设计特定的字段。

4）　插入数据

下一步就是向数据库中插入数据。例如，爬取了一个学生信息：学号为 20120001，名字为 Bob，年龄为 20。将这条数据插入数据库的示例代码如下：

```
import pymysql
id='20120001'
user ='Bob'
age=20
db= pymysql.connect(host='localhost',
user='root',password='123456',port=3306, db='spiders')
cursor =db.cursor()
sql='INSERT INTO students(id,name,age) values(%s,%s,%s)'
try:
    cursor.execute(sql,(id, user, age))
    db.commit()
except:
    db.rollback()
db.close()
```

以上代码首先构造了一个 SOL 语句，其 Value 值没有用字符串拼接的方式来构造，如：

```
sql='INSERT INTO students(id,name,age)values('+ id + ',' + name + ',
' + age +')'
```

这样的写法烦琐而且不直观，建议选择直接用格式化符号%s 来实现，有多个 Value 设置多个%s，只需要在 execute()方法的第一个参数传入该 SOL 语句，当然 Value 值可以用统一的元组传过来。

注意：需要执行 db 对象的 commit()方法才可实现数据插入，才是真正将语句提交到数据库执行的方法。对于数据插入、更新、删除操作，都需要调用该方法才能生效。

其次，加了一层异常处理。如果执行失败，则调用 rollback()执行数据回滚，相当于什么都没有发生过。

插入、更新和删除操作都是对数据库进行更改的操作，而更改操作都必须为一个事务，所以这些操作的标准写法如下：

```
try:
    cursor.execute(sql)
    db.commit()
except:
    db.rollback()
```

这样可以保证数据的一致性。这里的 commit()和 rollback()方法就为事务的实现提供了支持。

但是很明显，这有一个极其不方便的地方，比如突然增加了性别字段 gender，此时 SQL 语句就需要改成：

```
INSERT INTO students(id,name,age,gender) values (%s,%s,%s,%s)
```

相应的元组参数则需要改成：

```
(id,name,age,gender)
```

在很多情况下，要达到的效果是插入方法无须改动，一个通用方法是只需要传入一个动态变化的字典。比如，构造这样一个字典：

```
{
    'id': '20120001',
    'name': 'Bob',
    'age': 20
}
```

SQL 语句会根据字典动态构造，元组也会根据需要动态构造，这样才能实现通用的插入方法。示例代码如下：

```
data = {
    'id': '20120001',
    'name': 'Bob',
    'age': 20
}
table='students'
keys =','.join(data.keys())
values =','.join(['%s']* len(data))
sql='INSERT INTO {table}({keys})VALUES ({values})'.format(table=table,
keys=keys, values=values)
```

```
try:
    if cursor.execute(sql, tuple(data.values())):
        print('Successful')
        db.commit()
except:
    print('Failed')
    db.rollback()
db.close()
```

这里传入的数据是字典，并将其定义为 data 变量；表名也定义成变量 table。

如果需要构造插入的字段 id、name 和 age，只需要将 data 的键名拿过来用逗号分隔，','.join(data.keys())的结果就是 id，name，age。当需要构造多个%s 当作占位符时，有多个字段构造多个即可。比如，有三个字段，就需要构造%s, %s, %s。首先定义长度为 1 的数组['%s']，然后用乘法将其扩充为['%s', '%', '%s']，接着调用 join()方法，变成%s, %s, %s。最后，再利用字符串的 format()方法将表名、字段名和占位符构造出来。

将 sql 作为 execute()的第一个参数，data 的键值组成的元组作为第二个参数传入就可以完成数据插入。

8.3　案　　例

本节将通过两个具体案例，详细介绍如何使用 Python 进行数据爬取，并将数据存储到 JSON 文件或数据库中。

8.3.1　案例一

"软科中国大学排名"前身是"中国最好大学排名"，自 2015 年首次发布以来，已经成为具有重要社会影响力和权威参考价值的中国大学排名领先品牌。本案例将通过爬虫抓取软科中国大学排名网站上 2023 年排名前 21 的学校信息。

首先，获取软科中国大学排名网站 2023 年学校排名信息的 URL，为 https://www.shanghairanking.cn/rankings/bcur/2023，在浏览器地址栏中输入该网址查看页面。

然后，查看网页的 HTML 结构查找有用信息，如图 8-6 所示。在 HTML 标记中查找到学校排名信息所对应的标签为<tbody>，<tbody>内的每个<tr>标签描述每个学校的相关信息。

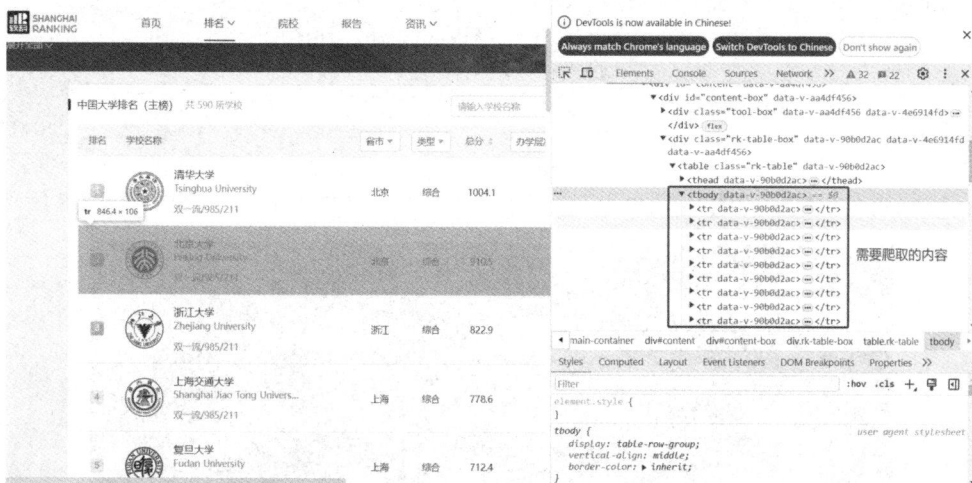

图 8-6　在浏览器上查看网页内容和 HTML 标记

获取了 URL 和 HTML 标记后，就可以编写 Python 脚本爬取网站信息了。在运行 Python 脚本之前，需要先安装几个第三方库。相关命令如下：

```
pip install lxml
pip install lxml_html_clean
pip install requests-html
```

爬虫 Python 的脚本详细代码如下：

```python
from requests_html import HTMLSession
import json

session=HTMLSession()
url='https://www.shanghairanking.cn/rankings/bcur/2023'
r=session.get(url)
r.encoding = 'utf-8'                 #所爬取网站的中文编码是 UTF-8

tbodies = r.html.find('tbody')  # 找到所有<tbody>(本网页只有一个<tbody>)
for tbody in tbodies:
    table = tbody.find('tr')     # 在<tbody>中找到所有<tr>

data = []
for row in table[:21]:
    row_data=row.text.split()        #提取每条学校的数据
    s=''
    for i in row_data:
        s=s+' '+i
    print(s)   #打印一条数据
    data.append(row_data)            #将该条数据存入列表
```

```
#将列表中的所有数据存储为 JSON 文件
f = open('ranking_data.json', 'w', encoding='utf-8')
json.dump(data, f, ensure_ascii=False, indent=4)

f.close()
```

上述代码运行结果如图 8-7 所示。存储数据的 JSON 文件中的部分数据如图 8-8 所示。

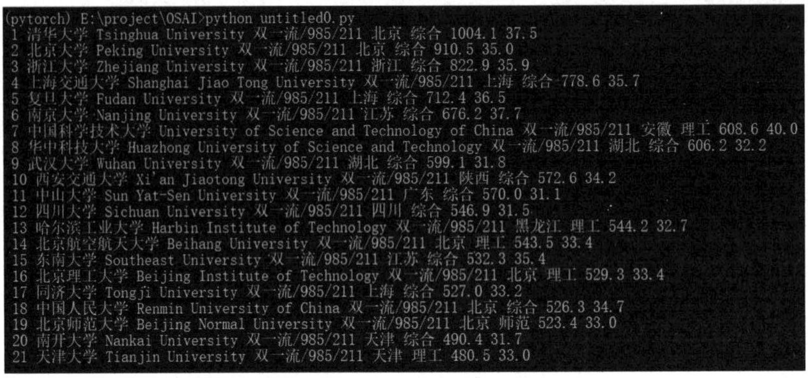

```
(pytorch) E:\project\OSAI>python untitled0.py
1 清华大学 Tsinghua University 双一流/985/211 北京 综合 1004.1 37.5
2 北京大学 Peking University 双一流/985/211 北京 综合 910.5 35.0
3 浙江大学 Zhejiang University 双一流/985/211 浙江 综合 822.9 35.9
4 上海交通大学 Shanghai Jiao Tong University 双一流/985/211 上海 综合 778.6 35.7
5 复旦大学 Fudan University 双一流/985/211 上海 综合 712.4 36.5
6 南京大学 Nanjing University 双一流/985/211 江苏 综合 676.2 37.7
7 中国科学技术大学 University of Science and Technology of China 双一流/985/211 安徽 理工 608.6 40.0
8 华中科技大学 Huazhong University of Science and Technology 双一流/985/211 湖北 综合 606.2 32.2
9 武汉大学 Wuhan University 双一流/985/211 湖北 综合 599.1 31.8
10 西安交通大学 Xi'an Jiaotong University 双一流/985/211 陕西 综合 572.6 34.2
11 中山大学 Sun Yat-Sen University 双一流/985/211 广东 综合 570.0 31.1
12 四川大学 Sichuan University 双一流/985/211 四川 综合 546.9 31.5
13 哈尔滨工业大学 Harbin Institute of Technology 双一流/985/211 黑龙江 理工 544.2 32.7
14 北京航空航天大学 Beihang University 双一流/985/211 北京 理工 543.5 33.4
15 东南大学 Southeast University 双一流/985/211 江苏 综合 532.3 35.4
16 北京理工大学 Beijing Institute of Technology 双一流/985/211 北京 理工 529.3 33.4
17 同济大学 Tongji University 双一流/985/211 上海 综合 527.0 33.2
18 中国人民大学 Renmin University of China 双一流/985/211 北京 综合 526.3 34.7
19 北京师范大学 Beijing Normal University 双一流/985/211 北京 师范 523.4 33.0
20 南开大学 Nankai University 双一流/985/211 天津 综合 490.4 31.7
21 天津大学 Tianjin University 双一流/985/211 天津 理工 480.5 33.0
```

图 8-7　爬虫运行的打印结果

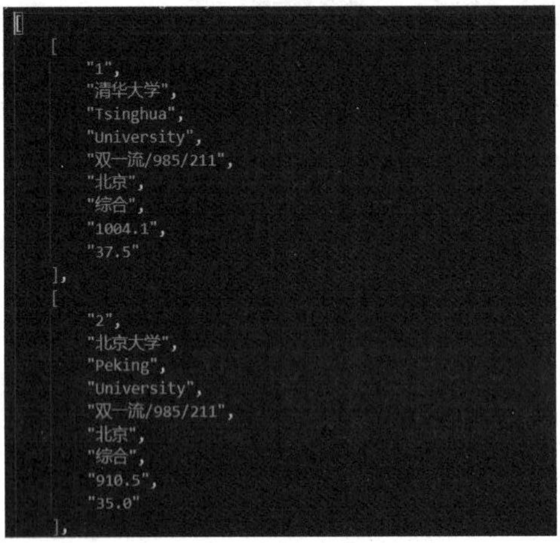

```
[
    [
        "1",
        "清华大学",
        "Tsinghua",
        "University",
        "双一流/985/211",
        "北京",
        "综合",
        "1004.1",
        "37.5"
    ],
    [
        "2",
        "北京大学",
        "Peking",
        "University",
        "双一流/985/211",
        "北京",
        "综合",
        "910.5",
        "35.0"
    ],
```

图 8-8　存储数据的 JSON 文件中的部分数据展示

8.3.2　案例二

爬取猫眼电影 Top100 并将数据存储到 MySQL 数据库。目标站点为 http://maoyan.com/board/4，打开后榜单信息如图 8-9 所示。

1. 爬取分析

图 8-9 为猫眼 TOP100 榜中排名第一的电影是《我不是药神》，页面中显示的有效信息是影片名称、主演、上映时间、评分、图片等信息。将网页滚动到最下方，发现有分页

的列表。当点击"第 2 页"时，页面的 URL 变为 https://www.maoyan.com/board/4?offset=10。当点击"第 3 页"时，页面的 URL 变为 https://www.maoyan.com/board/4?offset=20。以此类推，当点击"第 10 页"时，页面的 URL 变为 https://www.maoyan.com/board/4?offset=90。故 offset 代表偏移量值，偏移量为 n，则显示的电影序号为 $n+1$ 到 $n+10$，每页显示 10 个。所以，如果想获取 TOP100 电影，需要分开请求 10 次，而 10 次的 offset 参数分别设置为 0、10、20、...、90。获取不同的页面后用正则表达式提取出相关信息即可得到 TOP100 的所有电影信息。

图 8-9　猫眼 TOP100 榜

同时，许多网站会使用各种反爬虫技术(如检查请求的 User-Agent、IP 地址、访问频率等)来识别并封锁爬虫。本案例通过 Selenium 模拟正常的浏览器行为，从而使得请求看起来更像是人工操作，而非程序化爬虫，以此绕过反爬虫机制，避免 IP 被封锁。编写 create_browser 函数，使用 Selenium 的 webdriver.Chrome 方法启动浏览器，并通过 Options 设置无头模式(避免打开浏览器界面)，提高抓取效率。并且，使用 webdriver_manager 自动管理浏览器驱动。create_browser 函数实现代码如下：

```
def create_browser():
    options = Options()
    options.add_argument("--headless")              # 无头模式(后台运行)
    options.add_argument("--disable-gpu")           # 禁用 GPU 加速
    options.add_argument("--no-sandbox")            # 防止沙盒问题
    options.add_argument("start-maximized")         # 启动时最大化浏览器窗口
    options.add_argument("disable-infobars")        # 禁用信息栏
    options.add_argument("--disable-extensions")    # 禁用扩展插件
    options.add_argument("--disable-dev-shm-usage") # 解决开发模式下的共享内存问题
    # 启动 Chrome 浏览器并使用 ChromeDriverManager 自动管理驱动
    driver = webdriver.Chrome(service=Service(ChromeDriverManager().install()),
options=options)
    return driver
```

编写 get_one_page 函数，通过 driver.get(url)获取页面源码，使用 WebDriverWait 等待页面加载完成。此时，页面中包含电影数据。为避免触发反爬虫机制，通过 time.sleep()设置随机等待时间。get_one_page 函数实现代码如下：

```python
def get_one_page (driver, url):
    '''使用Selenium获取单页源码'''
    driver.get(url)
    time.sleep(random.uniform(2, 4))
    try:
        WebDriverWait(driver, 10).until(
            EC.presence_of_element_located((By.CLASS_NAME, "board-wrapper"))
        )
        return driver.page_source
    except Exception as e:
        print(f"加载页面失败: {e}")
        return None
```

2. 网页解析

在开发者模式下的 Elements 组件中查看网页源代码，如图 8-10 所示。观察到一部电影信息对应的源代码是一个 dd 节点，考虑使用正则表达式来提取电影里面的一些信息。

```html
▼<dd>
    <i class="board-index board-index-1">1</i>
  ▼<a href="/films/1200486" title="我不是药神" class="image-link" data-act="boarditem-click" data-val="{movieId:1200486}">
      <img src="//s3.meituan.net/static-prod01/com.sankuai.movie.fe.mywww-files/image/loading_2_e3d934bf.png" alt class="poster-default">
      <img alt="我不是药神" class="board-img" src="https://p0.pipi.cn/mmdb/54ecde9···.jpg?imageView2/1/w/160/h/220">
    </a>
  ▼<div class="board-item-main">
    ▼<div class="board-item-content">
      ▼<div class="movie-item-info">
        ▼<p class="name">
            <a href="/films/1200486" title="我不是药神" data-act="boarditem-click" data-val="{movieId:1200486}">我不是药神</a>
          </p>
          <p class="star"> 主演: 徐峥,王传君,周一围 </p>
          <p class="releasetime">上映时间: 2018-07-05</p>
        </div>
      ▼<div class="movie-item-number score-num">
        ▼<p class="score">
            <i class="integer">9.</i>
            <i class="fraction">6</i>
          </p>
        </div>
      </div>
    </div>
  </div>
</dd>
▶<dd> ··· </dd>
▶<dd> ··· </dd>
▶<dd> ··· </dd>
▶<dd> ··· </dd>
▶<dd> ··· </dd>
▶<dd> ··· </dd>
▶<dd> ··· </dd>
▶<dd> ··· </dd>
▶<dd> ··· </dd>
```

图 8-10　猫眼 TOP100 榜网页源代码

首先，需要提取电影的排名信息，而它的排名信息在 class 为 board-index 的 i 节点内，利用非贪婪匹配来提取 i 节点内的信息，正则表达式写为：

```
<dd>.*?board-index.*?>(.*?)</i>
```

随后，需要提取电影的名称，它在后面的 p 节点内，class 为 name。所以，可以用 name 做一个标志位，进一步提取到其内 a 节点的正文内容，此时正则表达式写为：

```
<dd>.*?board-index.*?>(\d+)</i>.*?name"><a.*?>(.*?)</a>
```

最后，利用同样的方法提取电影信息中的主演、发布时间、评分等内容，正则表达式写为：

```
'<dd>.*?board-index.*?>(\d+)</i>.*?name"><a.*?>(.*?)</a>.*?star">(.*?)</p>' +
'.*?releasetime">(.*?)</p>.*?integer">(.*?)</i>.*?fraction">(.*?)</i>.*?
</dd>'
```

这样一个正则表达式可以匹配一个提取电影信息的结果，里面匹配了 5 个信息。接下来，通过调用 findall 方法提取出所有的内容。因此，定义解析页面方法 parse_one_page 通过正则表达式来从结果中提取出目标内容。使用正则表达式解析网页实现代码如下：

```python
def parse_one_page(html):
    pattern = re.compile('<dd>.*?board-
index.*?>(\d+)</i>.*?name"><a.*?>(.*?)</a>.*?star">(.*?)</p>.*?releaseti
me">(.*?)</p>.*?integer">(.*?)</i>.*?fraction">(.*?)</i>.*?</dd>', re.S)
    items = re.findall(pattern, html)
    for item in items:
        yield {
            'rank': item[0],
            'title': item[1],
            'actor': item[2].strip()[3:],      # 去除"主演："
            'time': item[3].strip()[5:],       # 去除"上映时间："
            'score': item[4] + item[5]         # 合并评分
        }
```

同理，采用 Beautiful Soup 和 XPath 解析网页实现代码如下：

```python
def parse_one_page_bs4(html):
    soup = BeautifulSoup(html, 'lxml')
    items = soup.find_all('dd')
    for item in items:
        yield {
            'rank': item.i.string,
            'title': item.find('p', class_='name').string,
            'actor': re.findall("主演: (.*)",item.find("p",class_ =
"star").text)[0],
            'time': re.findall("上映时间: (.*)",item.find("p",class_ =
"releasetime").text)[0],
            'score': item.find('p', class_='score').contents[0].string +
item.find('p', class_='score').contents[
                1].string
        }
```

```python
def parse_one_page_xpath(html):
    root = etree.HTML(html)
    items = root.xpath('//dd[@class="board-index"]')
    for item in items:
        yield {
            'rank': item.xpath('.//i[@class="board-index"]/text()')[0],
            'title': item.xpath('.//a/text()')[0],
            'actor': item.xpath('.//p[@class="star"]/text()')[0][3:].strip(),
            'time': item.xpath('.//p[@class="releasetime"]/text()')[0][5:].strip(),
            'score': item.xpath('.//i[@class="integer"]/text()')[0] +
item.xpath('.//i[@class="fraction"]/text()')[0]
        }
```

网页解析成功后，将爬取到的电影信息存储到 JSON 文件中，以便后续使用。同时，在 write_to_json 函数中使用 json.dump 方法将数据写入文件并格式化输出，实现代码如下：

```python
def write_to_json(content, filename="MovieResult.json"):
    with open(filename, 'w', encoding='utf-8') as f:
        json.dump(content, f, ensure_ascii=False, indent=4)
```

因此，数据爬取完整实现代码如下：

```python
time
import random
import json
import re
from lxml import etree
from bs4 import BeautifulSoup
from selenium import webdriver
from selenium.webdriver.chrome.options import Options
from selenium.webdriver.common.by import By
from selenium.webdriver.chrome.service import Service
from webdriver_manager.chrome import ChromeDriverManager
from selenium.webdriver.support.ui import WebDriverWait
from selenium.webdriver.support import expected_conditions as EC

# 设置 Selenium 的 Chrome 浏览器选项
def create_browser():
    options = Options()
    options.add_argument("--headless")  # 无头模式(后台运行)
    options.add_argument("--disable-gpu")
    options.add_argument("--no-sandbox")
    options.add_argument("start-maximized")
    options.add_argument("disable-infobars")
    options.add_argument("--disable-extensions")
```

```python
        options.add_argument("--disable-dev-shm-usage")
    driver = webdriver.Chrome(service=Service(ChromeDriverManager().install()),
        options=options)
    return driver


def get_one_page(driver, url):
    driver.get(url)
    time.sleep(random.uniform(2, 4))
    try:
        WebDriverWait(driver, 10).until(
            EC.presence_of_element_located((By.CLASS_NAME, "board-wrapper"))
        )
        return driver.page_source
    except Exception as e:
        print(f"加载页面失败：{e}")
        return None


def parse_one_page(html):
    pattern = re.compile('<dd>.*?board-index.*?>(\d+)</i>.*?name"><a.*?>'
        '(.*?)</a>.*?star">(.*?)</p>.*?releasetime">(.*?)</p>.*?integer">'
        '(.*?)</i>.*?fraction">(.*?)</i>.*?</dd>', re.S)
    items = re.findall(pattern, html)
    for item in items:
        yield {
            'rank': item[0],
            'title': item[1],
            'actor': item[2].strip()[3:],     # 去除“主演：”
            'time': item[3].strip()[5:],      # 去除“上映时间：”
            'score': item[4] + item[5]        # 合并评分
        }


def write_to_json(content, filename="MovieResult.json"):
    '''将电影数据写入 JSON 文件'''
    with open(filename, 'w', encoding='utf-8') as f:
        json.dump(content, f, ensure_ascii=False, indent=4)


if __name__ == '__main__':
    all_movies = []
    driver = create_browser()
    for i in range(10):
        url = f"http://maoyan.com/board/4?offset={ i*10 }"
        html = get_one_page(driver, url)
        for item in parse_one_page (html):
            all_movies.append(item)
        print(f"抓取第{i + 1}页数据完成")
        time.sleep(random.uniform(2, 4))
```

```
write_to_json(all_movies)
driver.quit()
```

执行代码后，MovieResult.json 文件中内容如图 8-11 所示。

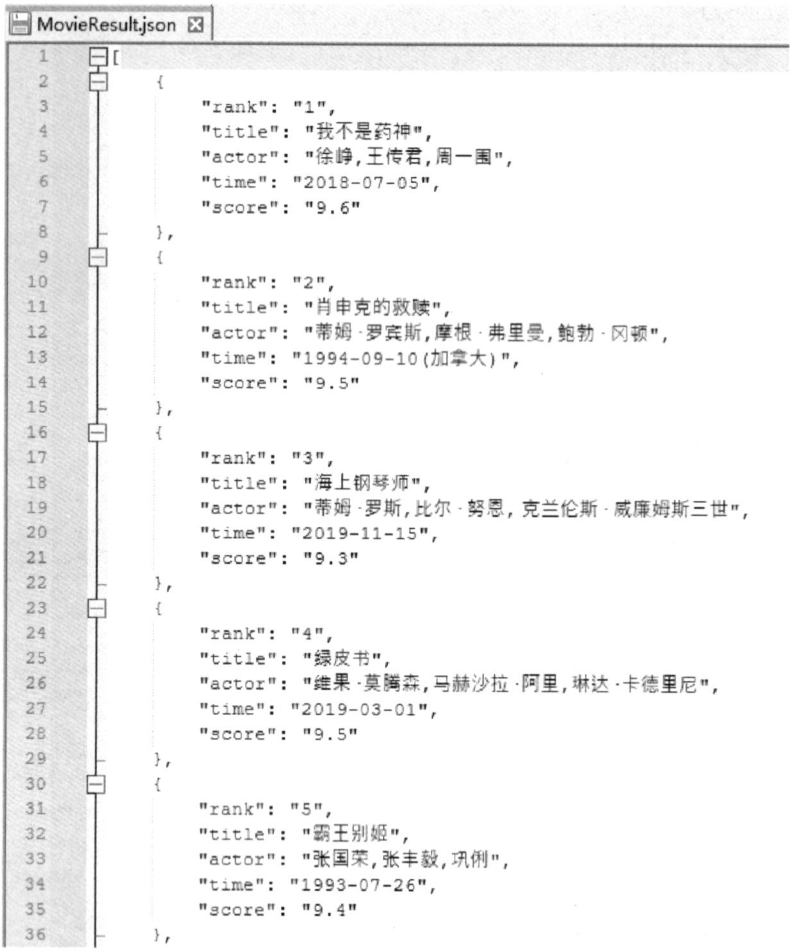
MovieResult.json

```
[
    {
        "rank": "1",
        "title": "我不是药神",
        "actor": "徐峥,王传君,周一围",
        "time": "2018-07-05",
        "score": "9.6"
    },
    {
        "rank": "2",
        "title": "肖申克的救赎",
        "actor": "蒂姆·罗宾斯,摩根·弗里曼,鲍勃·冈顿",
        "time": "1994-09-10(加拿大)",
        "score": "9.5"
    },
    {
        "rank": "3",
        "title": "海上钢琴师",
        "actor": "蒂姆·罗斯,比尔·努恩,克兰伦斯·威廉姆斯三世",
        "time": "2019-11-15",
        "score": "9.3"
    },
    {
        "rank": "4",
        "title": "绿皮书",
        "actor": "维果·莫腾森,马赫沙拉·阿里,琳达·卡德里尼",
        "time": "2019-03-01",
        "score": "9.5"
    },
    {
        "rank": "5",
        "title": "霸王别姬",
        "actor": "张国荣,张丰毅,巩俐",
        "time": "1993-07-26",
        "score": "9.4"
    },
```

图 8-11　MovieResult.json 文件中爬取的数据

3. 数据存储

要将爬取的数据存储到 MySQL 数据库中，首先，使用 pymysql 库连接到 MySQL 数据库。这个库提供了一个简单的 API，可以用来执行 SQL 查询并处理数据库连接。然后，从之前爬取的 JSON 文件中读取数据。再执行插入操作，使用参数化查询执行 SQL 插入操作，将数据插入到数据库表中。参数化查询可以防止 SQL 注入攻击，并提高代码的可读性和安全性。之后提交事务，当所有数据都插入到数据库表中后，使用 commit()方法提交事务，确保数据的持久性。最后，关闭数据库连接，释放资源。数据存储到 MySQL 数据库实现代码如下：

```python
    import pymysql
import json

def write_to_table():
    try:
        db = pymysql.connect(host="localhost",user='root',password='123456',
            db="reptile",charset="utf8mb4")
        cursor = db.cursor()
        file = open('MovieResult.json', 'r', encoding='utf-8')
        data = json.load(file)
        sql = "INSERT INTO maoyan ('rank', 'title', 'actor', 'time',
            'score') VALUES (%s, %s, %s, %s, %s)"
        for item in data:
            values = (item['rank'], item['title'], item['actor'], item['time'],
                item['score'])
            cursor.execute(sql, values)
        db.commit()
        print("Data inserted successfully.")
    except Exception as e:
        db.rollback()
        print("Error:", e)
    finally:
        cursor.close()
        db.close()

if __name__ == '__main__':
    write_to_table()
```

执行代码后，数据库 maoyan 表中信息如图 8-12 所示。

rank	title	actor	time	score
1	我不是药神	徐峥,王传君,周一围	2018-07-05	9.6
2	肖申克的救赎	蒂姆·罗宾斯,摩根·弗里曼,鲍勃·冈顿	1994-09-10(加拿大)	9.5
3	海上钢琴师	蒂姆·罗斯,比尔·努恩,克兰伦斯·威廉姆斯三世	2019-11-15	9.3
4	绿皮书	维果·莫腾森,马赫沙拉·阿里,琳达·卡德里尼	2019-03-01	9.5
5	霸王别姬	张国荣,张丰毅,巩俐	1993-07-26	9.4
6	星际穿越	马修·麦康纳,安妮·海瑟薇,杰西卡·查斯坦	2014-11-12	9.3
7	怦然心动	玛德琳·卡罗尔,卡兰·麦克奥利菲,艾丹·奎因	2010-07-26(美国)	8.9
8	盗梦空间	莱昂纳多·迪卡普里奥,渡边谦,约瑟夫·高登-莱维特	2010-09-01	9.0
9	哪吒之魔童降世	吕艳婷,囧森瑟夫,瀚墨	2019-07-26	9.6
10	小偷家族	中川雅也,安藤樱,松冈茉优	2018-08-03	8.1
11	阿甘正传	汤姆·汉克斯,罗宾·怀特,加里·西尼斯	1994-07-06(美国)	9.4
12	千与千寻	柊瑠美,周冬雨,井柏然	2019-06-21	9.3
13	窃听的世界	金·凯瑞,劳拉·琳妮,诺亚·艾默里奇	1998(罗马尼亚)	8.9
14	美丽人生	罗伯托·贝尼尼,朱斯蒂诺·杜拉诺,赛尔乔·比尼·布斯特里克	2020-01-03	9.3
15	寻梦环游记	安东尼·冈萨雷斯,本杰明·布拉特,盖尔·加西亚·贝纳尔	2017-11-24	9.6
16	情书	中山美穗,丰川悦司,酒井美纪	1999-03-01	8.9
17	辛德勒的名单	连姆·尼森,拉尔夫·费因斯,本·金斯利	1993-11-30(美国)	9.2
18	何以为家	赞恩·阿尔·拉菲亚,约丹诺斯·希费罗,博鲁瓦蒂夫·特雷杰·班科尔	2019-04-29	9.3
19	这个杀手不太冷	让·雷诺,娜塔莉·波特曼,加里·奥德曼	2024-11-01	9.6
20	摔跤吧！爸爸	阿米尔·汗,沙克希·坦沃,法缇玛·萨那·纱卡	2017-05-05	9.1
21	忠犬八公的故事	Forest,理查·基尔,琼·艾伦	2009-06-13(美国)	9.3
22	放牛班的春天	热拉尔·朱尼奥,弗朗西斯·贝尔兰,让-保罗·博内尔	2004-10-16	9.5
23	小丑	杰昆·菲尼克斯,罗伯特·德尼罗,亚历克·鲍德温	2019-10-04(美国)	8.6
24	触不可及	弗朗索瓦·克鲁塞,奥玛·赛,安娜·勒尼	2011-11-02(法国)	9.1
25	当幸福来敲门	威尔·史密斯,贾登·史密斯,坦迪·牛顿	2008-01-17	9.3
26	你的名字。	上白石萌音,神木隆之介,本木雅之介	2016-12-02	9.3
27	三傻大闹宝莱坞	阿米尔·汗,卡琳娜·卡普,马德哈万	2011-12-08	9.1
28	死亡诗社	罗宾·威廉姆斯,伊桑·霍克,罗伯特·肖恩·莱纳德	1989-06-02(加拿大)	8.7
29	泰坦尼克号	莱昂纳多·迪卡普里奥,凯特·温丝莱特,比利·赞恩	1998-04-03	9.6
30	熔炉	孔刘,郑裕美,金智英	2011-09-22(韩国)	8.8

图 8-12　数据库 movie 表中的信息

本 章 小 结

　　本章首先介绍了两种用于实现发送 HTTP 请求的第三方库 urllib3 和 Requests，然后使用了 BeautifulSoup 和 LXML 第三方库实现数据解析，最后说明如何保存为 JSON 文件格式和保存到 MySql 数据库中。通过两个案例讲解，加强对数据爬取的理解和应用。

课 后 习 题

一、选择题

1. 网络爬虫的首要工作是(　　　　)。

　　A. 发送 HTTP 请求　　　　　　　B. 解析网页内容

　　C. 数据存储　　　　　　　　　　D. 错误处理

2. (　　　)库用于发送 HTTP 请求。

　　A. urllib3　　　　　　　　　　　B. BeautifulSoup

　　C. LXML　　　　　　　　　　　　D. MySQL

3. 使用 urllib3 库发送 HTTP 请求时，(　　　)对象负责管理 HTTP 连接池。

　　A. Retry　　　　　　　　　　　　B. PoolManager

　　C. HTTPConnection　　　　　　　 D. HTTPResponse

4. JSON 文件中的数据通常由(　　　)组成。

　　A. 对象和数组　　　　　　　　　B. 列表和集合

　　C. 字典和集合　　　　　　　　　D. 对象和字典

5. 将数据存储为 JSON 文件时，(　　　)参数用于指定输出的编码。

　　A. ensure_ascii　　　　　　　　 B. charset

　　C. encoding　　　　　　　　　　 D. decode

6. 使用 urllib3 库时，(　　　)对象允许定义重试的次数和间隔时间。

　　A. Retry　　　　　　　　　　　　B. PoolManager

　　C. HTTPConnection　　　　　　　 D. HTTPResponse

7. 在 BeautifulSoup 中，(　　　)方法用于获取标签的属性值。

　　A. get()　　　　B. find()　　　　C. find_all()　　　　D. search()

8. LXML 库的(　　　)功能允许处理和解析 HTML 或 XML 内容。

　　A. etree　　　　B. html　　　　C. CSS 选择器　　　　D. XPath

9. 当使用 BeautifulSoup 解析 HTML 文档时，以下(　　)方法可以用来查找文档中所有的<a>标签。

    A. soup.find_all('a')　　　　　　　　B. soup.select('a')

    C. soup.search('a')　　　　　　　　　D. soup.a

10. 在 Python 中，如果你需要处理 HTTP 请求的重定向，requests 库默认的行为是(　　)。

    A. 总是跟随重定向　　　　　　　　　B. 从不跟随重定向

    C. 只跟随最多 5 次重定向　　　　　　D. 跟随重定向，但只限于 GET 请求

二、填空题

1. 在 Python 中，使用＿＿＿＿＿＿库可以解析 HTML 文档并提取相关信息。

2. LXML 库的＿＿＿＿＿＿模块提供了将 HTML 字符串解析为树结构的功能。

3. JSON 文件中，由方括号括起的相当于＿＿＿＿＿＿类型。

4. 在网络爬虫中，＿＿＿＿＿＿方法用于从 JSON 文本字符串中提取 JSON 对象。

5. 在 MySQL 中，＿＿＿＿＿＿方法用于将 JSON 对象转换为字符串并存储到文件中。

三、编程题

1. 编写一个 Python 网络爬虫程序，使用 BeautifulSoup 和 requests 库，爬取酷狗音乐(https://www.kugou.com/yy/rank/home/1-8888.html)Top500 的歌曲排名、歌手、名称和时间信息，并将这些信息保存到 JSON 文件中。

2. 编写一个 Python 网络爬虫程序，访问指定的 URL(https://www.aqistudy.cn/historydata/)，解析热门城市和全部城市的名称，将结果存储到本地的文本文件(citys.txt)中。城市名称之间用制表符(\t)分隔，每六个城市名称后添加一个换行符，并在控制台输出"爬取成功"。

(这些城市名称位于具有特定类名的 div 元素下的 ul 或 div 元素中的 li 标签内。

热门城市：//div[@class="bottom"]/ul/li

全部城市：//div[@class="bottom"]/ul/div[2]/li)

3. 编写一个 Python 网络爬虫程序，使用 requests 和 LXML 库从 58 同城网站(https://xa.58.com/ershoufang/)，抓取二手房标题。将抓取的标题保存到本地文本文'58 同城二手房.txt'中。每个标题之后添加两个换行符。

4. 编写一个 Python 网络爬虫程序，从图片网站(以 https://pic.netbian.com/4beijing/为例)下载图片，并保存到本地指定的文件夹中。要求如下：使用 requests 和 LXML 库从指定的图片分享网站抓取图片链接。检查本地是否存在名为 piclibs 的文件夹，如果不存在则创建该文件夹。下载每个图片链接指向的图片，并以图片的名称(处理编码后)保存到 piclibs 文件夹中。每成功下载一张图片，就在控制台输出图片名称和成功消息。

5. 编写一个 Python 网络爬虫程序，从网上的一个公开天气信息网站抓取上海市的未

来一周的天气数据。要求：访问目标网站，并获取上海市的一周天气预报数据。解析网页，提取每天的最高温度、最低温度和天气状况(如晴、雨等)。将抓取的数据存储为 JSON 格式，并保存到本地文件中。URL 假设为 "http://example.com/weather/cityname"。

提示：使用 Python 语言编写网络爬虫程序。使用 requests 库发送 HTTP 请求。使用 BeautifulSoup 库解析网页内容。使用 json 库处理 JSON 数据。

微课视频

扫一扫，获取本章相关微课视频。

8.1 爬虫概述	8.2 数据爬取	8.3 案例

附录 A　第三方开发工具介绍

在 Python 开发过程中，使用一个高效的编辑器可以显著提高编码效率和体验。以下是几种流行的 Python 第三方编辑器的介绍。

1. PyCharm

PyCharm 是由 JetBrains 开发的一款强大的 Python 集成开发环境(IDE)。它分为社区版(免费)和专业版(付费)。PyCharm 提供了丰富的功能，包括代码分析、调试器、单元测试支持、版本控制系统集成等。其智能代码补全和导航功能使得开发者能够更高效地编写和维护代码。

PyCharm 下载地址为 https://www.jetbrains.com/pycharm/download/。

PyCharm 具有以下特点。

- 强大的代码编辑和分析功能。
- 集成调试器和测试工具。
- 支持多种框架和库，如 Django、Flask、SciPy 等。
- 版本控制系统集成(Git、SVN 等)。

2. Visual Studio Code

Visual Studio Code(VS Code)是由 Microsoft 开发的一款免费开源的代码编辑器。它具有轻量级、高性能和高度可扩展的特点。通过安装 Python 插件，VS Code 可以成为一个功能强大的 Python 开发工具。它支持代码补全、调试、代码片段和版本控制等功能。

Visual Studio Code 下载地址为 https://code.visualstudio.com/Download。

Visual Studio Code 具有以下特点。

- 轻量级且性能高。
- 丰富的扩展插件，包括 Python 插件。
- 集成调试和 Git 支持。
- 自定义快捷键和工作区设置。

3. Jupyter Notebook

Jupyter Notebook 是一款广泛用于数据科学和机器学习的交互式开发工具。它允许用户在一个文档中编写和运行代码、可视化数据和添加说明文字。Jupyter Notebook 非常适合数据探索和快速原型开发。

Jupyter Notebook 下载地址为 https://jupyter.org/install。

Jupyter Notebook 具有以下特点。

● 支持交互式编程和数据可视化。

● 可在浏览器中运行。

● 支持多种编程语言(通过不同的内核)。

● 方便共享和展示工作成果。

4. Sublime Text

Sublime Text 是一款功能强大且反应迅速的代码编辑器。虽然它不是专门为 Python 设计的，但通过安装 Python 插件，可以为 Python 开发提供很好的支持。Sublime Text 具有高可定制性和丰富的插件生态系统。

Sublime Text 下载地址为 https://www.sublimetext.com/download。

Sublime Text 具有以下特点。

● 高性能和响应速度。

● 丰富的插件和包。

● 强大的搜索和替换功能。

● 自定义快捷键和多选功能。

选择一个合适的开发工具可以显著提升开发效率和体验。PyCharm、Visual Studio Code、Jupyter Notebook 和 Sublime Text 各有优缺点，开发者可以根据自己的需求和喜好选择最适合的工具。无论是功能丰富的 IDE 还是轻量级的代码编辑器，这些工具都能为 Python 开发提供强有力的支持。

附录 B 常用内置函数及相关说明

B.1 字符串的常用方法

字符串的常用方法如表 B-1 所示。

表 B-1 字符串的常用方法

函 数	说 明
casefold()	将字符串中所有的英文字母修改为小写
count(sub[,start[,end]])	查找 sub 参数在字符串中出现的次数,可选参数 start 和 end 表示查找的范围
find(sub[,start[,end]])	查找 sub 参数在字符串中第一次出现的位置
replace(old,new[,count])	将字符串中的 old 参数指定的字符串替换成 new 参数指定的字符串
split()	用于拆分字符串
join()	用于拼接字符串

B.2 列表的常用方法

列表的常用方法如表 B-2 所示。

表 B-2 列表的常用方法

函 数	说 明
append()	添加单个元素到列表末尾
extend()	添加多个元素到列表末尾
insert()	将数据插到指定的位置
len()	获取列表的长度
remove()	从列表中删除指定的元素
pop()	列表中的指定元素"弹"出来,并返回该值
slice()	用于从列表中取出一些元素
join()	将列表中所有的元素合并为一个新的字符串
list()	直接将字符串转化为列表
split()	对字符串进行切片,返回列表
eval()	执行一个字符串表达式,并返回表达式的值。如果是表达式,则对表达式进行计算,返回计算后的值
max()	返回列表中最大的那个值。当序列内的元素类型不一致时,会引发 TypeError 错误
min()	返回列表中最小的那个值。当序列内的元素类型不一致时,会引发 TypeError 错误
sum()	返回列表中所有元素数值的总和。当序列内的元素类型不一致时,会引发 TypeError 错误

B.3 元组的常用方法

元组的常用方法如表 B-3 所示。

表 B-3　元组的常用方法

函　　数	说　　明
count()	计算某元素出现的次数
index()	计算某元素出现的下标
list()	直接将元组转化为列表
tuple()	直接将列表转化为元组

B.4 集合的常用方法

集合的常用方法如表 B-4 所示。

表 B-4　集合的常用方法

函　　数	说　　明
len()	返回集合的元素的数量
min()	返回集合中最小的元素
max()	返回集合中最大的元素
sum()	返回集合中元素累加的值
add()	将元素加入集合
remove()	将元素从集合中删除，不存在则报错
discard()	将元素从集合中删除，不存在则无事发生
update()	将集合替换
clear()	清除集合中的元素
pop()	将集合中的任意元素删除并返回
union()	包含所有元素的新集合
intersection()	只包含两个集合中都有的元素的新集合
difference()	只包含在 s1，不在 s2 中的元素的新集合
symmetric_difference()	只包含在 s1 或 s2 中的元素的新集合

B.5 字典的常用方法

字典的常用方法如表 B-5 所示。

表 B-5　字典的常用方法

函　数	说　明
dict.keys()	返回包含字典中所有键的列表
dict.values()	返回包含字典中所有键的列表
dict.items()	返回包含字典中所有元素的列表
dict.clear()	删除字典中的所有项，无返回值
dict.copy()	返回字典的浅复制副本
dict.get(key,default=None)	返回字典中 key 对应的值。若 key 不存在，则返回 default
dict.pop(key[,default])	删除字典中 key 所在的元素，并返回 key 对应的值。若 key 不存在，则返回 default；若未给 default 传递参数，则引发 KeyError 异常
dict.update(adict)	将字典 adict 的元素添加到 dict 中

B.6　文件的打开模式

文件常用的打开模式如表 B-6 所示。

表 B-6　文件常用的打开模式

文本文件	二进制文件	说　明
r	rb	只读模式，用于读取文件内容。如果文件不存在会引发错误
w	wb	写入模式，用于创建新文件或覆盖已有文件的内容
a	ab	追加模式，用于在文件末尾追加新内容。如果文件不存在会创建新文件
x	xb	独占创建模式，用于创建新文件。如果文件已存在会引发错误

B.7　jieba 库的常用函数

jieba 库的常用函数如表 B-7 所示。

表 B-7　jieba 库的常用函数及其说明

函　数	说　明
jieba.cut(text)	精确模式，返回可迭代的 generator
jieba.cut(text,cut_all=True)	全模式，返回可迭代的 generator
jieba.cut_for_search(text)	搜索引擎模式，返回可迭代的 generator
jieba.lcut(text)	精确模式，返回 list 类型的分词结果
jieba.lcut(text,cut_all=True)	全模式，返回 list 类型的分词结果
jieba.lcut_for_search(text)	搜索引擎模式，返回 list 类型的分词结果
jieba.add_word(word)	向分词词典中增加一个词
jieba.del_word(word)	从分词词典中删除一个词

B.8　wordcloud 对象参数及其说明

wordcloud 对象参数及其说明可参见表 6-3 所示。

附录 C 常用函数库

模块名称	函数名称	说　明
os	os.getcwd()	获取当前工作目录
	os.chdir(path)	改变当前工作目录
	os.listdir(path)	列出指定目录中的文件和目录
	os.mkdir(path)	创建一个目录
	os.rmdir(path)	删除一个目录
	os.remove(path)	删除一个文件
	os.rename(src, dst)	重命名文件或目录
	os.path.join(path, paths)	拼接目录和文件名
	os.path.exists(path)	检查指定路径是否存在
	os.path.isfile(path)	检查路径是不是文件
	os.path.isdir(path)	检查路径是不是目录
sys	sys.argv	命令行参数列表
	sys.exit([arg])	终止当前程序
	sys.path	模块搜索路径列表
	sys.platform	获取运行平台的信息
	sys.version	获取 Python 解释器的版本信息
math	math.pi	圆周率 π(约等于 3.14159)
	math.e	自然对数的底数 e(约等于 2.71828)
	math.sqrt(x)	返回 x 的平方根
	math.exp(x)	返回 e 的 x 次幂
	math.log(x, base)	返回 x 的以 base 为底的对数。如果未指定 base，则返回 x 的自然对数
	math.log10(x)	返回 x 的以 10 为底的对数
	math.log2(x)	返回 x 的以 2 为底的对数
	math.sin(x)	返回 x 的正弦值，x 以弧度为单位
	math.cos(x)	返回 x 的余弦值，x 以弧度为单位
	math.tan(x)	返回 x 的正切值，x 以弧度为单位
	math.asin(x)	返回 x 的反正弦值，结果以弧度为单位
	math.acos(x)	返回 x 的反余弦值，结果以弧度为单位
	math.atan(x)	返回 x 的反正切值，结果以弧度为单位
	math.atan2(y, x)	返回 y/x 的反正切值，结果以弧度为单位。考虑 x 和 y 的符号以确定正确的象限
	math.factorial(x)	返回 x 的阶乘，x 必须为非负整数

模块名称	函数名称	说 明
math	math.gcd(a, b)	返回 a 和 b 的最大公约数
	math.ceil(x)	返回不小于 x 的最小整数
	math.floor(x)	返回不大于 x 的最大整数
	math.fabs(x)	返回 x 的绝对值
	math.fmod(x, y)	返回 x 除以 y 的余数
	math.isfinite(x)	如果 x 是有限的数字，返回 True
	math.isinf(x)	如果 x 是无限的，返回 True
	math.isnan(x)	如果 x 是 NaN(非数字)，返回 True
datetime	datetime.datetime.now()	获取当前日期和时间
	datetime.datetime.strptime(date_string, format)	将字符串解析为日期对象
	datetime.datetime.strftime(format)	将日期对象格式化为字符串
	datetime.datetime.today()	获取当前日期(不包括时间)
	datetime.date.today()	获取当前日期
json	json.dumps(obj)	将 Python 对象编码为 JSON 字符串
	json.loads(s)	将 JSON 字符串解码为 Python 对象
	json.dump(obj, fp)	将 Python 对象编码为 JSON 格式并写入文件
	json.load(fp)	从文件读取 JSON 数据并解码为 Python 对象
re	re.match(pattern, string)	从字符串的起始位置开始匹配模式
	re.search(pattern, string)	在整个字符串中搜索模式
	re.findall(pattern, string)	返回字符串中所有与模式匹配的子串
	re.sub(pattern, repl, string)	使用替换字符串 repl、string 中所有与正则表达式 pattern 匹配的子串
	re.split(pattern, string) re.split(pattern, string)	根据模式匹配拆分字符串
NumPy	sum()	对数组中全部或某轴向的元素求和
	mean()	算术平均数
	std(),var()	标准差，方差
	min(),max()	最小值，最大值
	argmin(),argmax()	最小元素索引，最大元素索引
	cumsum()	所有元素的累加
	cumprod()	所有元素的累积
	np.random.rand(m,n)	创建 m 行 n 列的数组(范围在 0~1 之间)
	np.random.umiform()	创建指定范围内的一个数
	np.random.randint()	创建指定范围内的一个整数

模块名称	函数名称	说　明
NumPy	np.random.normal()	创建正态分布的数组
	np.matrix()	矩阵生成
	np.matlib.empty()	零矩阵
	np.matlib.zeros()	以 0 填充的矩阵
	np.matlib.ones()	以 1 填充的矩阵
	np.matlib.eye()	对角元素为 1 的矩阵
	np.matlib.identity()	代为矩阵
	np.matlib.rand()	随即填充的矩阵
	np.linalg.diag()	以数组的形式返回方针的对角线元素
	np.linalg.dot()	矩阵乘法
	np.linalg.trace()	计算对角线元素的和
	np.linalg.det()	计算矩阵的行列式
	np.linalg.eig()	计算方阵的特征值和特征向量
	np.linalg.inv	计算方阵的逆
	np.linalg.svd()	计算奇异值分解
	np.linalg.solve()	解线性方程组
	np.linalg.lstsq()	计算 Ax=b 中的最小二乘解
	b.T	矩阵的转置
	np.dot	矩阵点积
Pillow	Image.open()	打开并返回一个图像对象
	Image.save()	保存图像到文件
	Image.show()	显示图像
	Image.new()	创建一个新图像
	Image.frombytes()	根据像素点 data 创建图像
	Image.format	图片格式或来源
	Image.mode	图片的色彩模式
	Image.size	图片的宽度和高度
	Image.thumbnail()	创建图像的缩略图
	Image.convert()	转换图像的模式
	Image.resize()	调整图像的尺寸
	Image.crop()	裁剪图像
	Image.rotate()	旋转图像
	Image.transpose()	翻转图像
	Image.filter()	应用滤镜到图像
	ImageEnhance.enhance(factor)	对选择属性的数组增强 factor 倍

模块名称	函数名称	说　明
Pillow	ImageEnhance.Color(im)	调整图像的颜色平衡
	ImageEnhance.Contrast(im)	调整图像的对比度
	ImageEnhance.Brightness(im)	调整图像的亮度
	ImageEnhance.Sharpness(im)	调整图像的锐度
	Image.point(func)	根据函数 func 功能对每个元素进行运算，返回图像副本
	Image.split()	提取 RGB 图像的每个颜色通道，返回图像副本
	Image.merge(mode,bands)	合并通道，采用 mode 色彩，bands 是新色的颜色通道
	Image.blend(im1,im2.alpha)	将两幅图片按照公式 im1*(1.0-alpha)+im2*alpha 生成新的图像
Pandas	pd.DataFrame()	创建一个数据框
	pd.Series()	创建一个序列对象
	pd.read_csv()	从 CSV 文件读取数据
	df.to_csv()	将数据框写入 CSV 文件
	pd.read_excel()	从 Excel 文件读取数据
	df.to_excel()	将数据框写入 Excel 文件
	df.head()	查看数据框的前几行
	df.tail()	查看数据框的后几行
	df.info()	获取数据框的简要信息
	df.describe()	生成描述性统计信息
	df['column']	选择特定列
	df[['col1', 'col2']]	选择多列
	df.loc[]	基于标签选择数据
	df.iloc[]	基于位置选择数据
	df[df['column'] > value]	基于条件过滤数据
	df.drop()	删除指定行或列
	df.rename()	重命名列或行
	df.sort_values()	按值排序
	df.groupby()	对数据进行分组操作
	df.agg()	对数据进行聚合操作
	df.dropna()	删除缺失值
	df.fillna()	填充缺失值
	df.isnull()	检测缺失值
	df.duplicated()	检测重复值
	df.drop_duplicates()	删除重复值

续表

模块名称	函数名称	说　明
Matplotlib	plt.figure()	创建一个图形对象
	plt.subplot()	创建子图
	plt.plot()	绘制折线图
	plt.scatter()	绘制散点图
	plt.bar()	绘制条形图
	plt.hist()	绘制直方图
	plt.pie()	绘制饼图
	plt.boxplot()	绘制箱线图
	plt.title()	设置图表标题
	plt.xlabel()	设置 x 轴标签
	plt.ylabel()	设置 y 轴标签
	plt.legend()	添加图例
	plt.grid()	添加网格线
	plt.show()	显示图表
	plt.savefig()	保存图表为文件
	plt.xlim(), plt.ylim()	设置 x 轴、y 轴的显示范围
	plt.xticks(), plt.yticks()	设置 x 轴、y 轴的刻度标签
	plt.text()	在图表中添加文本注释
	plt.annotate()	在图表中添加带箭头的注释

附录 D ASCII 表

十进制	十六进制	字 符	描 述
0	0	NUL	空字符
1	1	SOH	标题开始
2	2	STX	正文开始
3	3	ETX	正文结束
4	4	EOT	传输结束
5	5	ENQ	请求
6	6	ACK	确认
7	7	BEL	响铃
8	8	BS	退格
9	9	TAB	水平制表符
10	A	LF	换行
11	B	VT	垂直制表符
12	C	FF	换页
13	D	CR	回车
14	E	SO	移出
15	F	SI	移入
16	10	DLE	数据链路转义
17	11	DC1	设备控制 1
18	12	DC2	设备控制 2
19	13	DC3	设备控制 3
20	14	DC4	设备控制 4
21	15	NAK	否定确认
22	16	SYN	同步空闲
23	17	ETB	传输块结束
24	18	CAN	取消
25	19	EM	介质结束
26	1A	SUB	替换
27	1B	ESC	转义
28	1C	FS	文件分隔符
29	1D	GS	组分隔符
30	1E	RS	记录分隔符
31	1F	US	单元分隔符
32	20		空格

十进制	十六进制	字　符	描　述
33	21	!	可打印字符
34	22	"	可打印字符
35	23	#	可打印字符
36	24	$	可打印字符
37	25	%	可打印字符
38	26	&	可打印字符
39	27	'	可打印字符
40	28	(	可打印字符
41	29	)	可打印字符
42	2A	*	可打印字符
43	2B	+	可打印字符
44	2C	,	可打印字符
45	2D	-	可打印字符
46	2E	.	可打印字符
47	2F	/	可打印字符
48	30	0	可打印字符
49	31	1	可打印字符
50	32	2	可打印字符
51	33	3	可打印字符
52	34	4	可打印字符
53	35	5	可打印字符
54	36	6	可打印字符
55	37	7	可打印字符
56	38	8	可打印字符
57	39	9	可打印字符
58	3A	:	可打印字符
59	3B	;	可打印字符
60	3C	<	可打印字符
61	3D	=	可打印字符
62	3E	>	可打印字符
63	3F	?	可打印字符
64	40	@	可打印字符
65	41	A	可打印字符
66	42	B	可打印字符
67	43	C	可打印字符

十进制	十六进制	字　符	描　述
68	44	D	可打印字符
69	45	E	可打印字符
70	46	F	可打印字符
71	47	G	可打印字符
72	48	H	可打印字符
73	49	I	可打印字符
74	4A	J	可打印字符
75	4B	K	可打印字符
76	4C	L	可打印字符
77	4D	M	可打印字符
78	4E	N	可打印字符
79	4F	O	可打印字符
80	50	P	可打印字符
81	51	Q	可打印字符
82	52	R	可打印字符
83	53	S	可打印字符
84	54	T	可打印字符
85	55	U	可打印字符
86	56	V	可打印字符
87	57	W	可打印字符
88	58	X	可打印字符
89	59	Y	可打印字符
90	5A	Z	可打印字符
91	5B	[	可打印字符
92	5C	\	可打印字符
93	5D	]	可打印字符
94	5E	^	可打印字符
95	5F	_	可打印字符
96	60	`	可打印字符
97	61	a	可打印字符
98	62	b	可打印字符
99	63	c	可打印字符
100	64	d	可打印字符
101	65	e	可打印字符
102	66	f	可打印字符

十进制	十六进制	字　符	描　述
103	67	g	可打印字符
104	68	h	可打印字符
105	69	i	可打印字符
106	6A	j	可打印字符
107	6B	k	可打印字符
108	6C	l	可打印字符
109	6D	m	可打印字符
110	6E	n	可打印字符
111	6F	o	可打印字符
112	70	p	可打印字符
113	71	q	可打印字符
114	72	r	可打印字符
115	73	s	可打印字符
116	74	t	可打印字符
117	75	u	可打印字符
118	76	v	可打印字符
119	77	w	可打印字符
120	78	x	可打印字符
121	79	y	可打印字符
122	7A	z	可打印字符
123	7B	{	可打印字符
124	7C	|	可打印字符
125	7D	}	可打印字符
126	7E	~	可打印字符
127	7F	DEL	删除

参 考 文 献

[1] 董付国. Python 程序设计[M]. 4 版. 北京：清华大学出版社，2024.

[2] 陈春晖，翁恺等. Python 程序设计[M]. 2 版. 杭州：浙江大学出版社，2022.

[3] 李东方，文欣秀等. Python 程序设计基础[M]. 2 版. 北京：电子工业出版社，2020.

[4] 李刚. 疯狂 Python 讲义[M]. 北京：电子工业出版社，2019.

[5] 董付国. Python 程序设计基础[M]. 3 版. 北京：清华大学出版社，2022.

[6] 董付国. Python 数据分析与数据可视化：微课版[M]. 北京：清华大学出版社，2023.

[7] 嵩天，礼欣等. Python 语言程序设计基础[M]. 2 版. 北京：高等教育出版社，2017.

[8] 李宁. Python 爬虫技术——深入理解原理、技术与开发[M]. 北京：清华大学出版社，2020.

[9] 崔庆才. Python3 网络爬虫开发实战[M]. 2 版. 北京：人民邮电出版社，2021.

[10] Al Sweigart. Python 编程快速上手——让繁琐工作自动化[M]. 2 版. 王海鹏，译. 北京：人民邮电出版社，2021.

[11] Luciano Ramalho. 流畅的 Python[M]. 2 版. 安道，译. 北京：人民邮电出版社，2023.

[12] Mark Lutz. Python 编程[M]. 4 版. 邹晓，瞿乔等，译. 北京：中国电力出版社，2014.

[13] Wes McKinney. 利用 Python 进行数据分析[M]. 3 版. 陈松，译. 北京：机械工业出版社，2023.